세상을
바꾼
위대한
오답

세상을 바꾼 위대한 오답

수학짜 수냐의
오답으로 읽는
거꾸로 수학사

김용관 지음

궁리
KungRee

·····················

아름다운 수학의 정리는
오답이 빚어낸 진주다!

"실패는 성공의 어머니다!"

토머스 에디슨의 말입니다. 그는 전구를 발명하기 위해 만 번의 실패한 실험을 했습니다. 만 번이나 실패했을 때 기분이 어땠냐고 묻는 기자에게, 만 개나 되는 잘못된 방법을 성공적으로 찾아냈다고 답했다지요. 말이 만 번의 실패지, 그렇게까지 실패해볼 수 있는 사람은 드물 겁니다. 우공이산 (愚公移山)이 맞나 봅니다.

한 번의 성공 이전에는 많든 적든 실패가 있게 마련입니다. 일어서기 위해 아이는 수천 번 넘어지고, 멋진 프리킥을 차기 위해 선수는 헛발질을 수없이 합니다. 수많은 실패를 거쳐 우리는 성공에 다다릅니다. 실패는 성공으로 가는 징검다리입니다. 영어 표현도 이런 뜻을 잘 담고 있습니다.

"Failure is a stepping stone to success!"

(실패는 성공으로 나아가기 위한 디딤돌이다.)

실패와 성공은 영원히 만나지 않는 평행선이 아닙니다. 실패는 적절한 계기를 통해 성공으로 이어지고, 한 순간의 성공이 때로는 실패로 판가름 나기도 합니다. 실패와 성공은 뫼비우스의 띠처럼 연결되어 있습니다. 실패가 실패임을 알아차리고, 그 실패를 넘어가다 보면 성공에 다다르게 됩니다.

'수학의 정답 역시 오답이 있었기에 출현할 수 있었다!' 이 사실을 보여주고 싶은 마음이 이 책의 시작이었습니다. 학생들과의 만남이 큰 계기가 되었습니다. 수학문제를 풀다 보면, 자신의 노트를 내보이며 학생들이 묻고는 합니다. "이거 맞아요? 틀려요?" 자신의 풀이가 맞는지 확인하는 거죠. 맞았으면 계속 풀고, 틀렸으면 그만 풀겠다는 심산입니다. 끝까지 풀어가기보다는, 정답인지의 여부를 먼저 확인 받으려는 그 모습이 안타까웠습니다.

수학에서는 정답을 주로 배웁니다. 어떻게 정답을 도출해낼 수 있는지 공부합니다. 오답을 애써 궁리하며 배우고 익힌 적은 없을 겁니다. 수학책 어디에도 오답을 위한 자리는 없습니다. 정답을 배우기 바쁘고, 정답을 익히도록 연습하기 바쁩니다. 그러나 수많은 정답은 오답으로부터 출발했습니다. 그 과정에서 기막히게 멋진 아이디어도 등장했습니다.

오답은 단지 틀린 답이 아닙니다. 오답이라는 게 밝혀지기 전 오답도 한때는 정답이었습니다. '다른' 답이었습니다. '다른' 답이 '오답'이 되고, 그 오답이 '정답'이 되었습니다. 오답을 넘어서야 정답이 보입니다. 수학은 오답의 극복 과정이며, 아름다운 정리는 오답의 눈부신 활약이 빚어낸 진주입니다. 수많은 오답들이 수학을 떠받들고 있습니다.

그래서 자신의 아이디어를 쭉 밀고 가서 끝까지 풀어봐야 합니다. 그다음, 그 아이디어가 맞는지 틀린지를 검토해봐야 합니다. 그 과정에서 자신의 오류와 생각의 한계도 깨닫게 됩니다. 틀려보고, 틀렸다는 것을 깨닫고 난 이후 정답의 쾌감을 만끽할 수 있습니다. 틀리는 것보다 더 두려워해야 할 것은 아무런 아이디어도 내놓지 못하는 겁니다. 틀릴 기회마저 없는 것을 가장 경계해야 하죠. 당당하게 틀릴 기회를 가져보도록 자극을 주고 싶어 이 책 '오답 수학사'를 썼습니다.

　돌아보면 글을 쓰는 과정이 마냥 순조롭지는 않았습니다. 실제로 존재했던 오답을 찾는 작업이 어려웠습니다. 정답만을 다루는 수학이다 보니 오답에 대한 자료가 턱없이 부족했습니다. 대부분 정답만을 다루는 자료들이었습니다. 그래서 인터넷을 통해 해외 자료를 추적하게 되었습니다. 국내보다는 많은 자료가 있었지만 쉽지 않았습니다. 오답과 오답을 연결 지으며 생각이 어떻게 부딪치고, 변화하고, 발전해왔는가를 그려보는 작업이 흥미로우면서도 만만치 않았습니다. 제 능력의 한계를 보기도 했습니다. 글을 읽다가 오류나 부족한 부분을 발견했다면 제게 꼭 알려주시기 바랍니다. 다른 이와 함께 공부하고 생각을 열어가는 일을 좋아하는 저랍니다.

　책을 쓰는 과정은 참 재미있었습니다. 생각지 못했던 오답들을 만난 것 자체가 큰 즐거움이었습니다. 저렇게 멋지게 틀릴 수 있다니! 하면서 오답의 기이함에 감탄도 했습니다. 오답에서 정답으로 흘러가는 과정은 짜릿하고 다채로웠습니다. 지난날의 나를 되돌아보기도 했고, 지금 내가 생각하는 정답이 과연 정답일까 하는 의문도 들었습니다. 오답을 통해 세상을 더 이해하고 사랑하게 되었답니다.

이 책이 나올 수 있도록 애써주신 김주희 편집자와 전미혜 디자이너를 비롯한 궁리출판에 감사를 전합니다. 나의 실패마저도 늘 함께해준 아이와 아내는 큰 힘이 되었습니다. 한국의 골방에서 책과 인터넷으로 숱한 자료를 만나며 이 책을 썼습니다. 기발한 오답을 제공해준, 그 오답을 다듬어 정답을 선물해준 수학의 선배님들께 고맙습니다. 이제는 우리 차례입니다. 어떤 패가 될지 두려워 말고, 기꺼이 자신의 주사위를 던져보는 겁니다. 자, 준비하시고. 하나, 둘, 셋!

수녀 김용관

세상을 바꾼 위대한 오답

책의 구성과 활용법

문제 설명

문제의 뜻과 배경을 간략하게 설명합니다. 문제가 무엇인지 명확하게 알고 출발하세요.

오답 사례

문제에 대한 초기의 오답들입니다. 누가, 언제, 어떤 해법을 제시했는지 호기심을 갖고 살펴보세요.

틀렸네!

무엇이 틀렸는지 확인합니다. 오답의 해법대로 풀어보면서 왜 오답인지 확인하세요.

오답 속 아이디어

오답에 담겨 있는 아이디어입니다. 어떻게 그런 오답이 나오게 되었는지 이해하세요.

오답의 약진

오답의 등장 이후 발전 과정입니다. 아이디어와 해법이 어떻게 달라져가는지 추적해보세요.

오답에서 정답으로

문제에 대한 최종적인 결론입니다. 오답을 넘어 도달한 정답이 뭔지 정확하게 확인하세요.

차
례

저자의 말   아름다운 수학의 정리는
오답이 빚어낸 진주다!   5

1장   길이만으로 사각형의 넓이를 구할 수 있을까?   13

2장   원의 넓이를 정확하게 계산할 수 있을까?   35

3장   원의 둘레는 지름의 몇 배일까?   53

4장   우연한 사건의 확률을 계산할 수 있을까?   77

5장   1÷0, 0÷0. 어떤 수를 0으로 나누면?   99

6장   음수 곱하기 음수는 (+)인가 (−)인가?   119

7장   1은 소수인가 아닌가?   145

8장   무한, 실제로 존재하는가? 존재하지 않는가?   165

9장   원과 넓이가 같은 정사각형을 작도할 수 있을까?   191

10장   한 점을 지나는 평행선은 하나인가?   215

11장   사이클로이드의 넓이를 어떻게 구할까?   235

12장   점, 선, 면을 어떻게 정의할 것인가?   251

오답으로 읽는 수학사 연대표   274

참고문헌   281

1장

길이만으로 사각형의 넓이를 구할 수 있을까?

넓이는 고대 사회부터 중요한 문제였다. 지금도 땅이나 건물의 넓이는 민감한 사안이다. 돈, 재산과 직결되는 만큼 정확한 넓이 측정이 중요하다. 그러한 필요성 때문이었는지 수학의 역사에서 넓이 공식은 일찌감치 등장했다. 우리는 다양한 사각형의 넓이 공식을 배운다. 그런데 그 공식들은 사다리꼴, 평행사변형, 마름모처럼 특별한 경우다. 변의 길이가 모두 다른 일반 사각형에는 특별한 성질이 딱히 없다. 변의 길이만으로 이 도형의 넓이를 파악할 수 있을까?

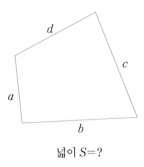

넓이 $S=$?

① 고대 메소포타미아, 이집트의 에드푸 토지증명서(2,000년 전)

일반 사각형의 넓이는 대변끼리의 산술평균의 곱과 같다.

(대변은 마주 보는 두 변, 산술평균은 두 값의 평균이다.)

$$\text{넓이}\,S=\frac{a+c}{2}\times\frac{b+d}{2}$$

② 고대 이집트 에드푸 토지증명서, 7세기 인도 브라마굽타

부등변삼각형의 대략적 넓이는 밑변의 반에 다른 두 변의 산술평균을 곱한다.

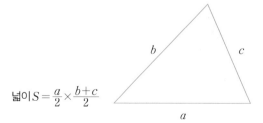

$$\text{넓이}\,S=\frac{a}{2}\times\frac{b+c}{2}$$

❸ 고대 중국

기원전에 쓰인 중국의 『구장산술』은 일반 사각형의 넓이문제를 아예 다루지 않았다.

❹ 7세기 인도, 브라마굽타

사각형의 넓이 $S = \sqrt{(s-a)(s-b)(s-c)(s-d)}$ 이다. s는 사각형 둘레 길이의 반이다. $s = \dfrac{a+b+c+d}{2}$. 그는 이 공식이 원에 내접하는 사각형인 경우에만 옳다는 언급을 남기지 않았다.

❺ 12세기 인도, 바스카라

네 변의 길이만으로 하나의 사각형이 결정되지 않는다는 것을 알았다. 브라마굽타의 공식을 이용해 일반 사각형의 넓이와 대각선을 구하던 이전 사람들을 비판했다. 그렇지만 그도 브라마굽타의 공식이 원에 내접하는 모든 사각형에 대해서 성립한다는 것을 몰랐다.

넓이가 다른 도형인데, 넓이값이 똑같다니?

일반 사각형의 넓이는 대변끼리의 산술평균의 곱과 같다!

$$넓이\ S = \frac{a+c}{2} \times \frac{b+d}{2} \quad - \text{❶}$$

❶은 일반 사각형의 넓이를 구하는 고대인의 공식이다. 정답의 여부와 상관 없이 이 공식은 위대하다. 일반 사각형은 마름모나 평행사변형같이 이렇다 할 특징이 있는 사각형이 아니다. 혹시 네 변의 길이가 다른 일반 사각형의 넓이 공식을 아는가? 공부했던 적이 있는가? 십중팔구는 고개를 갸웃하며 "그런 거 배운 적 없는데요!"라고 말하지 않을까?

우리는 초등학교 때 직사각형, 평행사변형, 삼각형, 사다리꼴……의 넓이 공식을 차례차례 배운다. 이때 일반 사각형의 넓이 공식은 뭘까 하고 고민했던 분이 있는가? 수학 교과서에 등장하지 않는 공식을 굳이 찾아서 고민하는 이는 드물 것이다. 사실 후에 넓이로서가 아니라 삼각비의 응용으로서 일반 사각형의 넓이 공식을 배우기는 하지만 머릿속에 지우개가 있는 마냥 대부분 기억에서 사라졌을 것이다.

역사상 직사각형은 물론이고 직각사다리꼴, 등변사다리꼴의 넓이를 다뤘던 고대 중국에서도 이 도형의 넓이에 관한 기록은 없다. 그러나 고대 메소포타미아, 이집트 지역 사람들은 달랐다. 어떤 모양의 사각형이든 넓이를 구할 수 있는 만능열쇠를 손에 넣고 싶어 했다. 일반 사각형의 넓이를 구하고자 애썼고 공식을 만들어냈다. 우리도 쉽게 던지지 않는 질문을 파고들다니, 질문을 던진 그 자체로 충분히 대단하지 않은가? 일단은 머리 숙여 그 위대함에 존경을 표하자. 그런 다음 이 공식이 맞는지 두 눈을 부릅뜨고 살펴보자.

공식 **❶**은 고대 이집트나 메소포타미아에서 모두 사용됐다. 토지증명서에 기록된 것으로 봐서 당대에 세금을 거둬들일 토지의 넓이를 파악하는 데 쓰였을 것으로 추정된다. 모든 토지가 넓이 공식이 있는 사각형 모양이었겠는가? 지형과 지세에 따라 어떤 토지는 일반 사각형 모양이었을 테고, 그 토지의 넓이를 담당자는 계산해야 했다. 해법을 찾든지 만들어내야 했다.

애석하게도 대변의 산술평균의 곱이라는 이 공식은 틀렸다. 위대한 오답이다. 어디에 문제가 있는 걸까?

이 공식이 틀렸다는 것은 쉽게 확인이 가능하다. 아래에 사각형 세 개가 있다. 눈으로만 보고서도 어느 도형의 넓이가 크고 작은지 알 수 있다. 맨 왼쪽 사각형의 넓이가 제일 크고, 맨 오른쪽 사각형의 넓이가 제일 작다. 길이나 각과 같은 구체적인 정보가 없더라도 판단 가능하다.

사실 위 사각형들은 대응하는 네 변의 길이가 모두 같다. 네 변의 길이는 같고 모양은 다른 사각형들이다. 보다시피 넓이 또한 서로 다르다. 이 사각형들의 넓이를 공식 **❶**을 이용해 계산하면 어떻게 될까? 세 도형의 넓이가

같은 값이 나온다. 이 공식에서 넓이는 길이만으로 결정되는데, 대응하는 길이가 모두 같으니 넓이도 같게 된다. 이 공식을 이용하면 대변의 합만 같아도 넓이는 같게 된다. 모순이다. 공식이 틀렸다.

삼각형과 사각형의 차이를 놓치다

일반 삼각형의 넓이를 다룬 ❷의 공식 $\frac{a}{2} \times \frac{b+c}{2}$ 는 일반 사각형의 넓이 공식과 패턴이 같다. 변이 세 개이므로 변 두 개를 더해 평균을 구하고, 나머지 한 변을 그냥 2로 나눴다. 그 결과를 곱해서 일반 삼각형의 넓이를 구했다. 이 공식이 틀렸다는 점 또한 사각형의 경우와 동일하게 보일 수 있다.

이 삼각형들은 밑변의 길이가 같다. 나머지 두 변의 길이는 같지 않다. 그러나 나머지 두 변의 길이의 합은 같다. 고로 ❷의 공식을 사용하면 세 도형의 넓이는 같게 나온다. 하지만 그림에서 보듯 세 도형의 넓이는 다르다. 넓이가 다른 도형의 넓이가 같게 나왔으니 틀렸다.

7세기 인도에서 가장 존경받은 수학자, 브라마굽타가 제안한 ❹는 그의 이름을 따서 '브라마굽타의 공식'이라고 한다. 상당히 독특한 형태의 넓이 공식이다. 이 공식은 절반만 맞았다. 특별한 경우의 일반 사각형에서 이 공

세상을 바꾼 위대한 오답

식은 옳다. 원에 내접하는 사각형의 경우는 이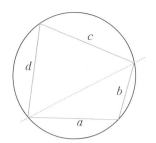
공식에 의해 넓이를 구할 수 있다. 그러나 다른
사각형의 경우에는 적용되지 않는다. 브라마굽
타는 이 사실을 언급하지 않았다.

브라마굽타의 공식은 사인, 코사인의 삼각비
법칙을 이용해 증명된다. 그림처럼 사각형을 두
개의 삼각형으로 나눠 사각형의 넓이를 두 삼각형의 합이라고 생각한 후
식을 변형하면 된다.

브라마굽타는 이 공식이 원에 내접하는 사각형에만 적용된다는 것을 알
았을까? 그렇지 않았을 가능성도 있다. 그보다 앞서 고대 그리스에서 발견
한 헤론의 넓이 공식과 비교해볼 필요가 있다. 헤론은 세 변의 길이가 $a, b,$
c인 삼각형의 넓이를 다음과 같이 구했다.

$$S = \sqrt{s(s-a)(s-b)(s-c)}, \quad S = \frac{a+b+c}{2}$$

헤론의 공식과 브라마굽타의 공식은 아주 유사하다. 변의 길이만으로 넓
이를 구한다는 점, 공식의 구체적인 형태마저도 동일하다. 브라마굽타는
헤론의 공식을 사각형으로 확대 적용한 셈이다. 그런데 헤론의 공식은 어
느 삼각형의 경우에나 성립하지만, 브라마굽타의 공식은 어느 사각형에나
성립하지 않는다. 브라마굽타는 삼각형과 사각형에 존재하는 차이를 감안
하지 못한 상태에서 헤론의 공식을 무리하게 적용했다.

길이만을 이용해서 넓이를 구하려고 했다

사각형의 넓이 하나 제대로 구하지 못할 정도로 고대인들의 수학 수준이 형편 없었던 걸까? 전혀 그렇지 않았다. 이 일반 사각형의 넓이 공식이 기록된 시기보다 1,500년 전, 지금으로부터 약 3,500년 전 이집트의 아메스 파피루스에는 우리가 지금 사용하는 넓이 공식과 일치하는 공식이 많이 발견된다.

이 파피루스에서 이등변삼각형의 넓이는 밑변의 반에 높이를 곱하여 구하고, 등변사다리꼴의 넓이는 두 밑변을 더한 뒤 2로 나누고 그것에 높이를 곱하여 넓이를 구했다. 지금 우리가 쓰는 공식과 완전히 일치한다.

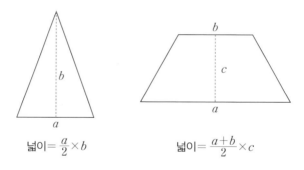

$$넓이 = \frac{a}{2} \times b \qquad 넓이 = \frac{a+b}{2} \times c$$

고대 이집트인들은 넓이문제를 오래 전부터 상당히 제대로 다뤄왔다. 삼각형이나 직사각형, 사다리꼴과 같은 도형의 넓이는 상대적으로 쉽다. 그 정도 문제는 고대인들도 깃털을 들어올리듯 가볍게 해결했다. 그랬기에 그들은 일반 사각형의 넓이문제에도 도전했다. 그러나 이 문제의 난이도는 달랐다. 당대 수학 수준으로는 풀 수 없었다.

일반 사각형 공식에 오류가 있다는 점을 고대인들이 알았을 수도 있다. 정확한 공식은 아니지만 어쩔 수 없이 사용할 수밖에 없는 사정이 있었을지도 모른다. 실생활에 쓰임이 많은 공식이기 때문이다. 이 공식으로 말미암아 누군가는 손해를 보고, 누군가는 이득을 봤을 게다. 그래도 더하고 곱하고 나누는 화려한 계산 앞에서 누가 감히 공식의 오류를 지적할 수 있었겠는가!

공식 ❶은 나름대로 합리적인 해법, 적어도 그렇게 '보이는' 해법이었다. 주먹구구식으로 아무렇게나 만든 계산법이 아니다. 우리가 생각하는 것보다 훨씬 많은 고민과 아이디어가 이 공식에 들어가 있다. 오답이지만 정답보다 더 많은 공이 들어갔다. 틀렸지만 맞은 것처럼 보여야 했으니 말이다. 그러니 이 공식을 더 잘 들춰볼 필요가 있다.

넓이문제는 무조건 직사각형으로 바꿔라!

틀린 넓이 공식에는 고대인이 남긴 소중한 보물이 담겨 있다. 그건 바로 아이디어다. 고대인들이 이 문제를 어떻게 접근해서 풀었을까? 어떤 관점과 전략으로 넓이문제를 해결하려 했을까? 우리가 수학 공식에서 진정 발견해야 할 것은 이런 아이디어다.

틀린 넓이 공식의 형태를 주의 깊게 들여다보라. 구체적인 숫자도 보지 말고, 맞았느냐 틀렸느냐의 여부에도 신경 쓰지 말고 오직 형태를 살펴보라. 그 형태를 정답인 다른 공식과도 비교해보라.

$$\text{틀린 사각형의 넓이} = \frac{a+c}{2} \times \frac{b+d}{2}$$

$$\text{이등변삼각형의 넓이} = \frac{a}{2} \times b$$

$$\text{등변사다리꼴의 넓이} = \frac{a+b}{2} \times c$$

$$\rightarrow \text{도형의 넓이} = A \times B$$

이 공식들은 모두 두 길이의 곱으로 되어 있다. 그 길이가 한 변의 길이이거나, 한 변의 절반이거나, 두 변의 길이를 더해 2로 나눈 값이라는 게 다를 뿐이다. 이 점이 중요하다. 형태상에서 보이는 이런 공통점에는 뭔가가 있다.

두 길이의 곱이 말해주는 바는 간단하다. 두 길이의 곱 하면 떠오르는 것이 직사각형의 넓이다. 위 공식들은 모두 직사각형의 넓이 공식과 패턴이 같다. 넓이를 구하는 기본전략이 같았기 때문이다. 고대인들은 도형의 넓이를 넓이가 같은 직사각형으로 치환하여 구하려 했다. 직사각형의 넓이는 가로와 세로의 길이를 곱하면 된다. 그 곱은 직사각형 안에 단위 정사각형이 몇 개 들어가는가를 정확하게 보여준다.

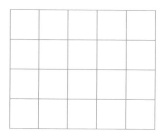

직사각형의 넓이＝가로의 길이×세로의 길이

＝5×4

＝20 (20개의 단위정사각형이 들어갈 만큼의 넓이)

세상을 바꾼 위대한 오답

직사각형으로 바꾸라! 직사각형화 전략은 넓이문제 해결의 중요한, 사실상 유일한 원리였다. 어떤 도형이든 넓이를 구하려거든 직사각형으로 바꿔야 했고, 그 전략 하나만으로 모든 넓이문제는 해결됐다. 이등변삼각형이나 등변사다리꼴의 넓이 공식도 동일한 원리에 의해서 만들어졌고, 그 공식은 정확했다.

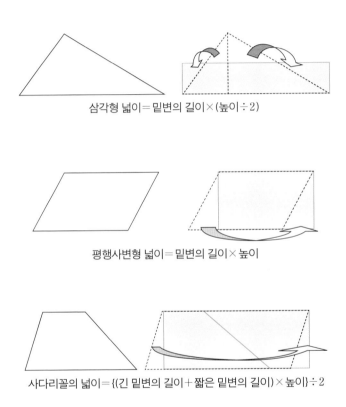

삼각형 넓이＝밑변의 길이×(높이÷2)

평행사변형 넓이＝밑변의 길이×높이

사다리꼴의 넓이＝{(긴 밑변의 길이＋짧은 밑변의 길이)×높이}÷2

'관계'라는 해법, 마법의 주문이 되다

『아리아바티야』라는 6세기 전후의 인도 책에는 직사각형화 전략을 시사하는 기록이 있다. '어떤 평면도형의 넓이도 두 변을 결정하여 그것들을 서로 곱하여 구한다.*' 이때 두 변이란 직사각형의 가로와 세로를 말한다. 평면도형의 넓이를 직사각형으로 바꿔 풀어내려 했다. 도형들 간의 관계를 통해서 넓이문제를 해결했다. 정말로 탁월한 전략이다. 어려운 도형을 쉬운 도형으로, 모르는 것을 아는 것으로, 존재의 문제를 관계의 문제로 치환하여 해결했다. 틀린 공식이 담고 있는 보물이 바로 '관계'라는 아이디어다.

관계라는 치명적인 매력을 맛본 고대인들은 이 전략을 더 대범하게 사용했다. 2차원에서 3차원으로, 특별한 경우에서 일반적인 경우로 나아갔다. 매력은 마력이 되고, 수학은 마법이 되었다. 입체도형의 부피를 다룰 때 평면도형의 넓이 공식을 연장하여 적용했다. 브라마굽타도 이 마법을 활용해 헤론의 공식으로부터 사각형의 넓이 공식을 만들어냈다.

$$\text{사다리꼴의 넓이} = \frac{(\text{윗변의 길이} + \text{아랫변의 길이})}{2} \times \text{높이}$$

$$\downarrow$$

$$\text{뿔대의 부피} = \frac{(\text{윗 밑면의 넓이} + \text{아래 밑면의 넓이})}{2} \times \text{높이 (메소포타미아)}$$

$$\text{삼각형의 넓이} = \text{밑변의 길이} \times \text{높이의 반}$$

$$\downarrow$$

$$\text{삼각뿔의 부피} = \text{밑면의 넓이} \times \text{높이의 반 (고대 인도)}$$

메소포타미아의 뿔대 부피 공식은 사다리꼴의 넓이와 패턴이 비슷하다. 사다리꼴에 있어서의 길이를 뿔대의 넓이로 대체했다. 고대 인도의 삼각뿔

---

* 칼 B. 보이어·유타 C. 메르츠바흐, 『수학의 역사·상』, 양영오 옮김, 경문사, 2000, 343쪽.

부피 공식도 삼각형의 길이 대신에 넓이를 사용했다. 3차원 입체도형의 부피를 2차원 평면도형의 넓이 공식을 확장해서 구해냈다.

이 공식들도 틀렸다. 넓이와 부피는 차원이 다르다. 단위도 제곱이 아니라 세제곱이다. 넓이의 확장으로 부피문제를 접근하면 답이 틀리게 된다. 삼각뿔의 부피는 삼각기둥 부피의 $\frac{1}{3}$이므로 삼각뿔의 부피는 밑면의 넓이에 높이를 곱해서 3으로 나눠야 한다. 각뿔대의 부피는 전체 각뿔의 부피에서 잘린 각뿔의 부피를 빼는 식으로 구해야 한다.

일반 사각형을 직사각형으로 바꾸려 하다

일반 사각형과 마주친 고대인들, 해법은 여전히 직사각형화였다. 넓이가 같은 직사각형을 찾아내야 했다. 다른 도형의 경우 고대인은 자르고, 옮기고, 붙이고 해서 정확하게 직사각형을 찾아냈다. 그러나 일반 사각형은 그렇게 호락호락하지 않았다. 직사각형을 만들어내기가 어려웠다. 특별한 규칙이 있는 도형이 아니었기에 기계적으로 직사각형을 만들어낼 수 없었다.

여기서 고대인은 포기하지 않았다. 그들은 다시 한 번 주문을 외워서 이 어려움을 가볍게 해결해버렸다. 그들에게 필요한 건 직사각형의 가로와 세로의 길이다. 두 길이만 알면 넓이를 구할 수 있었다. 그 길이를 기계적이면

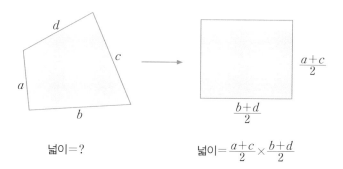

넓이＝?

$$\text{넓이}＝\frac{a+c}{2}\times\frac{b+d}{2}$$

서 공식적인 방법으로 얻어내야 했다. 그들은 마주보는 대변을 더해서 2로 나눈 값을 직사각형 한 변의 길이로 삼았다. 제법 멋진 비약 아닌가! 그 결과 '그럴싸한' 공식이 등장했다.

일반 삼각형의 넓이 공식 ❷도 이 방식으로 유도된다. 삼각형을, 한 변의 길이가 0인 사각형으로 간주하고 이 공식을 적용하면 된다. 그 결과가 ❷의 공식이다.

$$\text{삼각형의 넓이} = \text{한 변의 길이가 0인 사각형의 넓이} = \frac{a+0}{2} \times \frac{b+c}{2}$$

$$= \frac{a}{2} \times \frac{b+c}{2}$$

고대인들은 도형의 넓이문제를 직사각형화 전략으로 구했다. 같은 전략으로 많은 도형의 넓이문제를 해결했다. 그 자신감을 발판 삼아 풀기 어렵게 보이던 문제까지 그 전략을 적용했다. 직사각형으로 쉽게 바뀌지 않는 도형은 주어진 조건을 이용해 직사각형의 두 변의 길이를 만들어냈다. 그들은 오직 두 변의 길이를 원했다. 변의 길이만으로 넓이문제를 해결하려 했다. 삼각형과 사각형의 차이, 평면도형과 입체도형의 차이를 감안하지 못했다.

───── 오답의 약진 ───────────────────

길이만으로 넓이를 구할 수 없다

고대인들이 일반 사각형의 넓이문제를 해결하지 못한 이유는 무엇일까? 이 질문에 적절한 답을 제시해준 사람은 12세기 인도의 바스카라였다.

세상을 바꾼 위대한 오답

바스카라는 길이만으로는 하나의 사각형이 결정되지 않는다는 것을 정확하게 지적했다. 네 변의 길이는 같지만 모양이 다른 사각형이 얼마든지 존재한다는 것을 안 것이다. 고로 길이만으로 사각형의 넓이를 구하려 한다면 틀릴 수밖에 없다. 모양과 넓이가 다른데도 넓이가 같다는 틀린 결과가 나오게 된다. 그는 네 변의 길이만으로 넓이를 구하는 브라마굽타의 공식을 비판했다.

길이만으로 오직 하나의 다각형이 결정된다면 길이만으로 넓이를 구하는 게 가능하다. 그러나 사각형의 경우 길이만 가지고는 어떤 모양인지, 넓이가 얼마인지 정확히 알 수 없다. 고대인들은 이 점을 간파하지 못했거나, 간파했더라도 그 점을 감안하여 공식으로 만들지 못했다. 이런 성질은 삼각형을 제외한 모든 도형에 해당된다.

삼각형은 다른 도형과 달리 길이만으로도 하나의 모양이 결정된다. 삼각형의 결정조건이란 게 있다. 오직 하나의 삼각형이 결정될 수 있는 조건을 말한다. 이 조건에는 세 가지가 있다. 세 변의 길이가 주어졌거나, 두 변의 길이와 그 끼인각이 주어졌거나, 한 변의 길이와 양 끝 각이 주어져 있을 때다. SSS, SAS, ASA. 삼각형은 변이 세 개여서 변의 길이만으로도 하나의 모양이 결정된다. 세 변의 길이가 3, 4, 5인 삼각형은 빗변의 길이가 5인 직각삼각형뿐이다.

사각형 이상의 도형에서는 길이 이외에 각의 크기가 주어져야만 하나의 모양이 결정된다. 사각형의 경우는 적어도 각 하나가 주어져야만 한다. 그러면 어떤 모양의 사각형인지 보지 않고도 알 수 있다. 넓이가 얼마인가도 계산 가능하다. 우리가 넓이 공식을 알고 있는 사각형들은 조작을 통해서 직각을 포함하고 있는 사각형으로 변형이 가능한 특별한 것들이다. 직각이라는 각 하나가 포함된 사각형이기에 넓이를 알아내는 게 가능하다.

　일반 사각형의 넓이에 대한 틀린 공식은, 변의 길이만으로 넓이를 구하려 했으니 따져볼 것도 없이 틀린 공식이다. 변의 길이 이외에 각도를 감안해야만 했다. 제대로 된 사각형의 넓이 공식이 되려면 넓이에 각이 포함되어야 했다.

오답에서 정답으로

각을 고려한 넓이 공식으로

　틀린 공식은 완전히 틀린 게 아니었다. 전략은 맞았지만, 전술적인 면에서 오류가 있었을 뿐이었다. 맞는 공식과 틀린 공식이 뒤섞여 있는 고대의 풍경은 모순된 모습이라기보다는 난이도에 따른 결과였다. 중구난방이 아니라 일정한 원리를 확대 적용하려던 과정에서 섬세함이 부족해서 발생한 착오였다. 오류는 결국 수정·보완되면서 일반 사각형의 문제는 서서히 해결되어 간다.

중점을 연결한 평행사변형을 이용하여

　1731년 평행사변형을 이용하여 일반 사각형의 넓이를 구해내는 방법이 알려졌다. 프랑스의 수학자 피에르 바리뇽(Pierre Varignon)이 제시한 방법이었다. 그는 사각형 $V_0V_1V_2V_3$의 네 변에 중점을 연결하여 사각형 $M_0M_1M_2M_3$을 만들었다. 이 사각형은 평행사변형이면서 그 넓이가 사각형 $V_0V_1V_2V_3$의 $\frac{1}{2}$이 된다. (다음 그림에서 부분도형들의 합동관계를 살펴보라.)

세상을 바꾼 위대한 오답

평행사변형의 넓이는 쉽게 구할 수 있다. 그 넓이를 두 배 하면 그게 사각형의 넓이다.

이 공식도 네 변의 길이만을 이용하여 사각형의 넓이를 구해내지는 못한다. 평행사변형의 넓이를 알아야 하는데 네 변의 길이만으로 그걸 알아낼 수는 없다. 다른 조건이 주어져야만 한다.

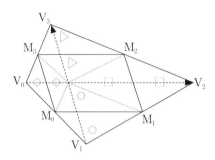

사각형 $M_0M_1M_2M_3$이 평행사변형이라는 증명

$\triangle V_3M_3M_2$와 $\triangle V_3V_0V_2$를 비교해보자.

$\overline{V_3M_3} : \overline{V_3V_0} = \overline{V_3M_2} : \overline{V_3V_2}$, $\angle V_3$은 공통

SAS 닮음조건에 의해 $\triangle V_3M_3M_2$와 $\triangle V_3V_0V_2$는 닮은 도형

$\Rightarrow \overline{M_3M_2}$와 $\overline{V_0V_2}$는 평행

$\triangle V_1M_0M_1$과 $\triangle V_1V_0V_2$를 비교해보자.

$\overline{V_1M_0} : \overline{V_1V_0} = \overline{V_1M_1} : \overline{V_1V_2}$, $\angle V_1$은 공통

SAS 닮음조건에 의해 $\triangle V_1M_0M_1$과 $\triangle V_1V_0V_2$는 닮은 도형

$\rightarrow \overline{M_0M_1}$과 $\overline{V_0V_2}$는 평행

고로 $\overline{M_3M_2}$와 $\overline{M_0M_1}$은 평행하다.

동일한 방법으로 $\overline{M_3M_0}$과 $\overline{M_1M_2}$가 평행임을 보일 수 있다.

마주 보는 두 대변이 모두 평행하므로, $\square M_0M_1M_2M_3$은 평행사변형이다.

대각선의 길이를 이용하여

사인법칙을 달리 이용하면 보다 쉬운 공식을 얻을 수 있다. 사각형 ABCD에는 대각선이 두 개 있다. 두 대각선에 평행한 선을 그림과 같이 그으면 사각형 EFGH를 얻는다. 이 사각형은 마주 보는 변

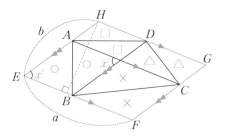

이 모두 평행하므로 평행사변형이다. 평행사변형 EFGH의 넓이는 사각형 ABCD의 두 배가 된다. (다시 한 번 부분도형들의 합동관계를 살펴보라.)

평행사변형 EFGH의 넓이는 밑변의 길이 a에 높이를 곱하면 된다. 높이는 두 대각선이 이루는 각 x의 사인값에서 얻어진다. 이 값을 이용하면 사각형의 넓이를 구할 수 있다.

$$\sin x = \frac{높이}{b} \quad \rightarrow \quad 높이 = b \times \sin x$$

$$사각형\ ABCD의\ 넓이 = 사각형\ EFGH의\ 넓이 \div 2$$

$$= (a \times 높이) \div 2$$

$$= \frac{ab \sin x}{2}$$

이 공식 역시 네 변의 길이만을 이용한 방법이 아니다. 대각선의 길이와 대각선이 이루는 각을 이용했다. 네 변의 길이만으로 이 크기를 알아낼 수는 없다.

네 변의 길이와 각을 이용하여

일반 사각형의 넓이 공식은 1842년에 드디어 제시됐다. 독일의 수학자인 브레트슈나이더(Carl Anton Bretschneider)와 슈타우트(Karl Georg Christian von Staudt)가 각각 독자적으로 발견했다. 그들은 브라마굽타의 공식을 수정했는데, 변의 길이 외에 각의 크기가 추가되어 있다. 사인, 코사인 정리를 활용하여 네 변의 길이가 주어진 사각형의 넓이문제를 해결했다.

사각형을 두 개의 삼각형으로 나눈 후, 각 삼각형의 넓이를 사인법칙을 이용해 나타냈다. 그 식을 변형해 최종적인 공식으로 다듬었다. 이 공식에는 브레트슈나이더 공식이란 이름이 붙었다. (상세한 과정은 위키피디아의 Bretschneider's formula 페이지를 참고하라.)

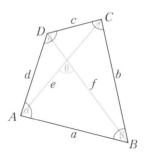

$$K = \triangle ADB + \triangle BDC$$

$$= \frac{ad\sin\alpha}{2} + \frac{bc\sin\gamma}{2}$$

$$K = \sqrt{(s-a)(s-b)(s-c)(s-d) - abcd \cdot \cos^2\left(\frac{\alpha+\gamma}{2}\right)}$$

$$= \sqrt{(s-a)(s-b)(s-c)(s-d) - \frac{1}{2}abcd[1+\cos(\alpha+\gamma)]}$$

작도를 이용하여

고대 그리스에서는 작도를 통해 일반 사각형 문제를 일찌감치 해결했다. 어떤 모양의 사각형이든 그 사각형과 넓이가 같은 삼각형을 작도해냈다. 그 삼각형을 직사각형으로 또 바꾸고, 그 직사각형을 정사각형으로 바꾸는 것까지도 깔끔하게 이뤄냈다. 넓이가 같은 삼각형을 작도해냈다는 것은 넓이를 구했다는 뜻이다. 어떤 삼각형이든 직사각형으로 바꿔 넓이 계산이 가능했기 때문이다. 이런 식의 넓이가 같은 도형의 작도문제는 유클리드의 『원론』에 많이 등장한다.

이 방법은 오각형 이상의 모든 다각형에 적용 가능하다. 변의 개수가 많다는 건 변환작업이 늘어나는 것 이외에 아무런 영향을 미치지 않는다. 어떤 다각형이든 넓이가 같은 직사각형을 작도해낼 수 있다.

얼핏 보면 작도과정에서는 각에 대한 정보가 없이도 그 넓이를 구해냈다. 각이 문제되지 않는 것처럼 보인다. 하지만 그건 착각이다. 실은 각이 구체적으로 주어져 있다. 작도에서 어떤 사각형이 임의로 주어질 때는 이미 특정한 각을 지닌 사각형이 주어진다. 하나로 결정된 사각형이 제시되므로 주어진 사각형을 삼각형으로 바꾸기만 하면 된다. 이제 작도를 통해 얻어낸 직사각형과 처음의 일반 사각형을 비교해보라. 직사각형의 가로와 세로의 길이는 일반 사각형의 변이나 대각선의 길이가 아니다. 주어진 조건 자체만으로는 넓이를 구할 수 없다.

일반 사각형의 넓이문제는 꽤 어려운 문제였다. 사인이나 코사인법칙을 알아야 풀린다. 대변의 산술평균의 곱으로 이 문제를 해결했던 고대인이 더 지혜로웠다는 생각도 든다. 정답을 구하자니 너무 난해해 근사값이라도 쉽게 계산해낼 수 있는 공식에 더 손이 가지는 않았을까?

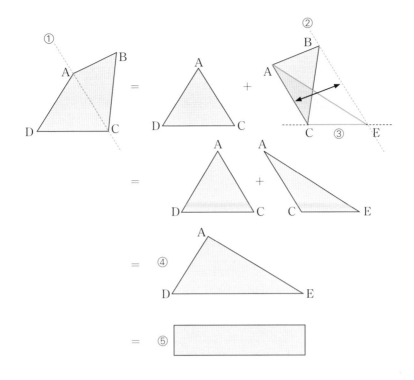

일반 사각형을 직사각형으로 바꾸는 법

일반 사각형 ABCD가 주어져 있다. 이 사각형을 직사각형으로 바꾸는 과정은 크게 두 단계를 거친다.

1단계: 사각형과 넓이가 같은 삼각형 하나를 작도해낸다.

2단계: 이 삼각형과 넓이가 같은 직사각형을 작도해낸다.

① 사각형을 분할해 삼각형 두 개로 나눈다.

② 점 B를 지나는 직선 AC에 평행한 직선 BE를 긋는다.

③ 삼각형 ABC와 넓이는 같되 모양이 다른 삼각형 ACE를 찾는다.(선분 AC 를 밑변으로 하고 높이가 같은 삼각형이기 때문에 넓이는 같다.)

④ 삼각형 ADC와 삼각형 ACE를 합하여 삼각형 ADE를 만든다. 이 삼각형은 사각형 ABCD와 넓이가 같다.

⑤ 삼각형을 직사각형으로 바꾸는 방법에 따라 삼각형 ADE를 직사각형으로 바꾼다. 이 직사각형이 처음 주어졌던 일반 사각형과 넓이가 같은 직사각형이다.

정답과 오답의 뫼비우스 띠!

일반 사각형의 틀린 공식은 완전한 오답도, 완전한 정답도 아니었다. 직사각형화의 전략이란 면에서는 정답, 구체적인 과정이란 면에서는 오답이었다. 점수로 치자면 50점이었다. 하지만 이 틀린 공식으로 인해 전략은 전달됐고, 전술은 수정됐다. '틀린' 공식이 징검다리가 되어 결국 완벽한 정답에 이르게 됐다.

오답이 있었기에 제대로 된 정답이 출현할 수 있었다. 오답은 정답을 유도해낸 길잡이였다. 그 경로는 다양하다. 결과만 놓고 보면 하나는 맞고, 하나는 틀리다. 둘은 전혀 다른 세계에 속해 있는 것처럼 보이지만 실은 교묘하게 연결돼 있다. 어제의 오답은 한때의 정답이었다. 오답이라는 게 밝혀지기 전까지는! 오답임이 밝혀지자 오답은 수정되었다. 그 오답이 오늘의 정답이 되었다. 오늘의 정답 또한 언젠가 오답이 될 수 있다. 뫼비우스의 띠처럼!

2장

원의 넓이를 정확하게
계산할 수 있을까?

원의 둘레나 넓이를 파악하기란 무척 어렵다. 길이나 넓이는 기본적으로 직선을 기반으로 하고 있기 때문이다. 우리는 자로 길이를 재고, 그 길이로 넓이를 계산한다. 그런데 원은 직선이 아닌 곡선이다. 직선으로 곡선을 파악하려고 하니 어려울 수밖에 없다. 원의 넓이를 파악하려면 원에 맞는 다른 방식을 만들어내거나, 곡선과 직선의 관계를 알아내야만 했다. 이러나저러나 다각형의 방법만으로는 부족했다. 다른 뭔가가 더 필요했다.

1 고대 메소포타미아

원의 넓이는 반지름의 제곱을 세 배 한다.

$$원의 넓이 \ S = 3r^2 \ (r은 반지름)$$

2 고대 이집트

지름이 9인 원의 넓이는 한 변이 8인 정사각형의 넓이와 같다.

(원 지름 9) = (정사각형 변 8)

3 고대 중국, 『구장산술』

원 모양의 밭이 있는데, 둘레가 181보, 지름이 $60\frac{1}{3}$ 보이다. 밭의 넓이는 얼마인가?

답) 둘레의 반과 지름의 반을 곱한다. 또는 둘레와 지름을 서로 곱하고 4로 나눈다. 또는 지름을 제곱하여 3을 곱하고 4로 나눈다. 또는 둘레를 제곱하고 12로 나눈다.

❹ 기원전 5세기 고대 그리스, 히포크라테스

초승달 모양 ACBD의 넓이는 직각이등변삼각형 OAB의 넓이와 같다.

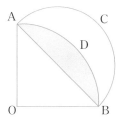

❺ 기원전 5세기 고대 그리스, 안티폰

원에 내접하는 정사각형을 구한다. 정사각형의 각 변을 밑변으로 하는 이등변삼각형을 그림처럼 원에 내접시키면 정팔각형이 된다. 다시 정팔각형의 각 변을 밑변으로 하는 이등변삼각형을 원에 내접시키면 정십육각형이 된다. 이 과정을 무한히 계속 반복하면서 최초의 정사각형 넓이에 추가되는 이등변삼각형의 넓이를 계속 더해가다 보면 원의 넓이를 얻게 된다.

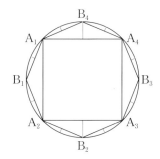

오차가 있는 근사값일 뿐

❶에서 ❺는 고대에 사용됐던 원의 넓이 공식들이다. 이 공식이 맞았는지 틀렸는지의 여부는 쉽게 알 수 있다. 스스로 알아낸 건 아니지만 우리는 이미 정답을 배웠다. 원의 넓이 $S=\pi r^2$(π:원주율, r:반지름)이다. 어느 것을 보더라도 우리가 알고 있는 공식과 동일하지 않다. 그렇다고 모두 틀렸다고 단정지을 수는 없다. 형태는 다르지만 결과는 동일한 경우가 있으니 끝까지 확인해야 한다. ❹와 ❺의 경우는 구체적인 공식이나 숫자가 없으니 ❶부터 ❸ 공식의 결과와 정답의 결과를 비교해보자. 원주율 값으로는 일반적인 근사값인 3.14를 사용하자.

	고대인의 방법	πr^2	오차
❶ 메소포타미아	$3 \times r^2$	$3.14 \times r^2$	$0.14 \times r^2$
❷ 이집트	64 (지름이 9인 원의 넓이)	$3.14 \times \left(\dfrac{9}{2}\right)^2 = 63.585$	0.415
❸ 중국	$\dfrac{181}{2} \times \dfrac{181}{3} \div 2 = 2730$	$3.14 \times \dfrac{181}{3} \div 2 \times \dfrac{181}{3} \div 2 = 2857$	127

❶의 경우 공식의 형태는 아주 비슷하다. 다른 점이라고는 3과 3.14이다. 공식은 맞았는데 원주율 값이 틀린 게 아닐까 하는 의문이 든다. 그래도 답은 틀렸다. ❷의 경우 공식에 의한 결과와 대략 0.4 정도의 오차를 보인다. ❸ 공식의 비교는 다소 복잡하다. $\dfrac{181}{2}$은 둘레를 2로 나눈 값이고, $\dfrac{181}{3}$은 주어진 지름 $60\dfrac{1}{3}$을 분수로 나타냈다. 계산 결과 ❸ 공식에는 127만큼의

오차가 존재한다. 세 공식 모두 틀렸다.

❹는 원의 넓이와 무슨 관계가 있을까 싶다. 원의 일부분이 직각이등변삼각형과 넓이가 같다는 말이다. 이것만으로는 원의 넓이를 알아낼 도리가 없다. 뭔가 많이 부족하다. ❹를 이용해서 원의 넓이를 유추해내는 추가적인 방법이 더 제시되어야 한다. ❺는 상당히 치밀하고 그럴싸한 방법처럼 보인다. 최초의 정사각형 넓이에 이등변삼각형의 넓이를 더해가면서 원과 정다각형 사이의 오차를 줄여가다 보면 원의 넓이에 다다른다! 그런데 아이디어만 있고, 그 결과가 보이지 않는다. 이 방법을 통해 어떤 답을 손에 넣었는지 알 도리가 없다.

오답 속 아이디어

원과 넓이가 같아 보이는 직사각형을 찾으려 했다

고대인의 공식이 틀렸다는 것을 확인했다. 그러나 완전히 틀린 게 아니라 약간의 오차가 있을 뿐이다. ❶은 우연인지 몰라도 공식의 패턴이 정답과 일치한다. 게다가 오차도 얼마 되지 않으니 더 살펴볼 만하다. ❶에서 원의 넓이는 $3r^2$이다. 우리가 아는 공식 πr^2에서 원주율 값이 틀린 걸까? 그리 보기는 어렵다. 적어도 우리가 아는 그 공식은 보다 후대에 등장했기 때문이다. 또 메소포타미아에는 3보다 더 정확한 원주율 값을 갖고 있었다. 이 식을 달리 봐야 한다.

$3r^2$을 식 그대로 r^2이 세 개라는 뜻으로 해석해보자. 원의 넓이가 원의 반지름을 한 변으로 하는 정사각형 세 개의 넓이와 같다. 다음 그림처럼 원과

정사각형을 배치해보면 $3r^2$의 의미가 분명해 보인다. 원과 넓이가 비슷해 보이는 정사각형 개수를 추정했다. 제외된 부분을 감안하면 원의 넓이가 정사각형 세 개의 넓이와 얼추 비슷해 보인다.

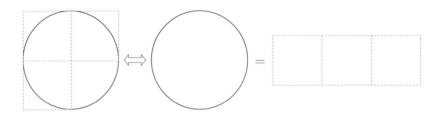

❷는 얼핏 보면 공식이라기보다는 지름이 9인 구체적인 원의 넓이를 구한 느낌이다. 그랬을 수도 있다. 하지만 이집트인들은 문자 x, y처럼 일반적이고 보편적인 수를 뜻하는 대수를 사용하지 않았다. 보편적인 해법을 그들만의 구체적인 풀이법으로 설명한 것일 수도 있다. ❷가 매우 훌륭한 해법이란 점은 금방 확인된다. 지름이 9인 원과 한 변의 길이가 8인 정사각형을 겹쳐 보면, 둘의 넓이는 아주 비슷하다. 겹치지 않은 부분을 주거니 받거니 하면 거의 일치한다.

❷에서 9와 8을 특수한 수가 아니라 비로 해석해보자. 그러면 ❷는 지름이 A인 원의 넓이가 한 변의 길이가 $\dfrac{8A}{9}$ 인 정사각형의 넓이와 같다는 정

세상을 바꾼 위대한 오답

리가 된다. 이렇게 옮겨 적으니 꽤 그럴싸하다. 이집트인들이 이 관계를 어떻게 알아냈을까? 눈으로 보고 대충 넘겨 짚었다고 하기에는 너무 정교하다. 이 정리(?)를 유도한 나름의 과정이 있었을 법하다.

다행히도 이집트인들은 이 공식의 과정이라 할 만한 기록을 문제로 남겼다. 그들은 원과 넓이가 거의 유사한 다각형을 먼저 찾아냈다. 그리고 그 다각형에 가장 근접한 정사각형을 찾았는데 그게 변의 길이가 8인 정사각형이었다.

다각형을 찾아낸 방법부터 보자. 그들은 오른쪽 그림처럼 원과 넓이가 거의 유사한 팔각형을 얻어냈다. 지름이 9인 원에 외접하는 정사각형을 먼저 그렸다. 각 변을 3등분하여 그림처럼 3등분한 점끼리 선을 연결했다. 그러면 팔각형이 얻어지는데 이 팔각형은 시각적으로 보더라도 원과 넓이가 거의 같다.

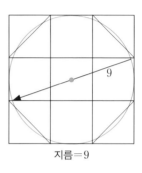

지름＝9

이 팔각형의 넓이는 정확하게 계산 가능하다. 한 변의 길이가 3인 정사각형 5개와 한 변의 길이가 3인 직각이등변삼각형 4개를 합하면 된다. 그 넓이는 63이다. 이 넓이에 가장 근접한 정사각형은 한 변의 길이가 8인 정사각형이다. 이 과정을 통해 그들은 ❷ 공식을 구해냈다. 그들에게는 정확도

원의 넓이		팔각형의 넓이		정사각형의 넓이
?	≒	63	≒	64

보다 실용성이 더 중요했던 것 같다. 그들이 택한 건 다소 복잡한 팔각형이 아니라 가장 단순한 정사각형이었다. 1의 오차를 과감하게 무시하고, 원의 넓이를 정사각형으로 나타냈다.

❸은 중국의 공식인데 네 가지가 제시돼 있다. 다른 공식인 것 같지만 첫 번째 식을 정리하거나 변형하면 나머지 공식이 나온다. 네 가지 공식은 모양만 다를 뿐 결과는 같다.

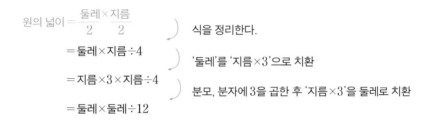

$$\text{원의 넓이} = \frac{\text{둘레}}{2} \times \frac{\text{지름}}{2}$$ 식을 정리한다.

$$= \text{둘레} \times \text{지름} \div 4$$ '둘레'를 '지름×3'으로 치환

$$= \text{지름} \times 3 \times \text{지름} \div 4$$ 분모, 분자에 3을 곱한 후 '지름×3'을 둘레로 치환

$$= \text{둘레} \times \text{둘레} \div 12$$

네 가지 중에서 출발점이 된 것은 첫 번째 공식이다. 이 공식은 두 수의 곱으로 되어 있다. 이 패턴은 이미 우리에게 익숙하다. 직사각형의 넓이를 뜻한다. 이 공식은 중국인들이 생각한, 원과 넓이가 같은 직사각형의 넓이다. 두 수는 직사각형의 가로와 세로의 길이다. 원과 비교해보면 두 수가 뭘 뜻하는지 쉽게 알 수 있다.

다음 그림을 보면 '지름의 절반'과 '둘레의 절반'이 나오게 된 배경이 보

이는 듯하다. 그들은 직사각형의 세로
가 지름의 절반인 반지름이 되고, 가로
가 둘레의 절반 정도가 될 거라고 추
측했다. 그럴싸한 추리다. 사실 원을
무한히 많은 조각으로 분할하여 그림
과 같이 조합하면 ❸의 첫 번째 공식
이 나온다. 그러나 그들은 어떻게 해서
그런 공식이 나왔는가를 설명해놓지
않았다.

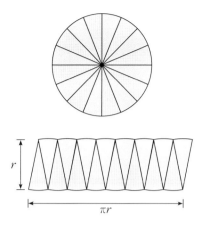

　중국의 공식은 지금의 공식과 같다. 지름 대신에 $2r$을, 둘레 대신에 $2\pi r$
을 대입하여 정리하면 원의 넓이는 πr^2이 된다. 그러나 오류는 다른 데 있
다. 공식 중 세 번째를 보면 중국인들은 원주율 π 값을 지름의 세 배로 봤다.
π 값이 3이었다. π를 3으로 할 경우 이 공식은 고대 메소포타미아 공식과
같아진다.

　이제껏 살펴본 원 넓이 공식의 전략은 동일하다. 모두 원과 넓이가 같을
것이라고 추정되는 직사각형을 찾고자 했다. 다각형의 넓이 전략과 동일했
다. 각 문명의 고유한 관점과 방식으로 직사각형을 달리 찾아냈다. 그래서
공식의 형태가 제각각이었다.

　그러나 어느 문명을 막론하고 완전한 정답을 찾아내지 못했다. 그들이
제시한 것은 근사적인 추정치에 불과했다. 원이 다각형과는 성질이 달랐기
때문이다. 원은 직선이 아닌 곡선으로 둘러싸인 도형이다. 원을 아무리 자
르고 옮기고 조작한다고 하더라도 다각형처럼 직사각형이 되지는 않는다.

딱 맞아떨어지지 않는다. 근사값을 찾는 수준에서 그들의 탐구는 그쳐야
했다.

측정값이 아닌 이론적 공식을 찾으려 했다

근사치에 불과한 원의 넓이 공식에는 우리가 간과해서는 안 될 아이디어
가 있다. 비록 근사치일 망정 그들은 원의 넓이를 이론적으로 계산하려 했
다. 측정이 아닌 계산을 통해서 원의 넓이를 파악하려 했다. 그들은 측정의
한계를 이미 알았고, 어떤 경우에나 적용 가능한 이론적인 공식을 얻고자
했다.

원의 넓이에 대한 처음의 시도는 아마도 측정이었을 게다. 먼저 떠올릴
수 있는 방법은 원을 톡톡 쳐가면서 직사각형으로 만드는 것이다. 일정한
원을 작고 비슷한 크기의 콩이나 모래 등으로 빼곡하게 채운다. 원 안에 들
어간 콩이나 모래의 개수가 넓이인 셈이다. 다음은 최대한 정교하게 콩이
나 모래를 변형하여 직사각형으로 만든다.

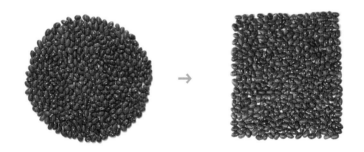

그런데 이런 방법에는 치명적인 약점이 있다. 그건 오차다. 측정이란 사
람에 따라, 때에 따라, 도구에 따라 달라진다. 할 때마다 다른 값들이 나오기

세상을 바꾼 위대한 오답

마련이다. 어느 값이 적당한지의 여부를 파악할 수 없다. 경험의 이런 한계를 극복하기 위해 이론적으로 계산하려고 시도했다. 한 단계 진전된 도전이었다. 자와 도구, 몸을 이용하는 게 아니라 이성을 사용하는 방법이었다.

그렇지만 계산 결과만 보면 크게 나아지지는 않았다. 곡선과 직선의 관계에 대해 이론적으로, 합리적으로 이해하지 못해서였다. 곡선을 직선으로 만들어야 하는데 그럴 아이디어가 떠오르지 않았다. 이들의 역할은 여기까지였다.

오답의 약진

원을 분할하여 직사각형을 찾아가다

이집트 문명은 원의 넓이를 다루면서도 길이가 9인 원을 제시하며 다뤘다. 그러나 본격적인 그리스 수학을 열어간 탈레스는 '지름에 의해 원이 이등분된다'고 할 때 특별한 원을 이야기하지 않았다. 임의의 원 또는 모든 원에 대해 언급했다. 고대 그리스 수학은 그 이전의 수학과 확연히 달랐다. 구체적이고 특수한 경우보다는 보편적이고 일반적인 내용을 다뤘다. 그 결과 경험적이고 감각적인 수학보다는 이론적이고 추상적인 수학이 발전했다. 원의 넓이를 이론적으로 다루는 문제는 그리스에 제격이었다.

원의 넓이문제는 고대 그리스에서도 중요하고도 어려운 문제였다. 그리스인들도 원이 어렵기는 마찬가지였다. 이 문제는 수학계에서 유명한 문제였고, 이 문제를 해결하고자 도전장을 내민 사람은 많았다. 그러나 그 이전 문명과 비교해서 특별히 나아지지 않았다. 이렇게 유야무야 되어가던 무렵

문제 해결의 가능성을 열어 보인 수학자가 나타났다. 기원전 5세기의 히포크라테스였다.

❹는 히포크라테스가 발견한 정리다. 그는 원으로 둘러싸인 초승달 모양의 넓이가 직각이등변삼각형의 넓이와 같다고 했다. 원으로 둘러싸인 도형의 넓이가 다각형으로 표현됐다. 그는 역사상 처음으로 원으로 둘러싸인 도형의 넓이를 정확하게 알아냈다.

히포크라테스의 정리가 원의 넓이문제를 해결한 건 아니다. 다만 그리스인들로 하여금 해결할 수 있겠다는 기대감을 고취시켰다. 원의 일부가 해결됐으니 전체 넓이 또한 알아낼 수 있으리라 생각하게 했다. 꺼져가던 불씨를 살린 셈이다. 히포크라테스는 지속적인 연구를 통해 다른 초승달 모양도 다각형으로 바꾸는 데 성공했다. 그러나 원 전체의 넓이까지 나아가지는 못했다. 그 역시 여기까지였다. 특정 조건 하에서의 초승달 모양만이 다각형으로 바뀐다는 게 나중에서야 밝혀졌다.

히포크라테스에 이르기까지의 방법들은, 다각형의 넓이 구하는 방식과 동일하게 원의 넓이를 구하고자 했다. 원과 넓이가 같아 보이는 직사각형을 직관적으로 찾거나, 원의 일부를 자르고 옮겨 그런 직사각형을 만들려고 했다. 원과 다각형의 차이를 고려하지 않았다. 원을 다각형의 하나로 보고, 다각형의 해법을 그대로 적용하려 했다. 히포크라테스의 실패는 이 방법의 또 다른 사례에 불과했다. 뭔가 새로운 출구가 필요했다.

안티폰은 기원전 5세기에 활동했던 고대
그리스의 소피스트였다. 그는 원의 넓이를
이전과는 다른 아이디어로 접근했다. 원을
통째로가 아니라 야금야금 접근해가는 방법
을 구사했다. ❺가 그의 방법이다.

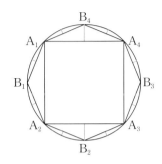

원에 내접하는 정사각형 $A_1A_2A_3A_4$가 있
다. 이 정사각형의 넓이는 원의 넓이와 같지 않다. 원과 정사각형 사이에 상
당한 오차가 있다. 안티폰은 이 오차를 줄여가고자 했다. 정사각형의 한 변
을 밑변으로 하면서 원에 내접하는 이등변삼각형을 그렸다. 이등변삼각형
의 넓이를 더하면 오차는 더 줄어들게 된다. 이 방법을 반복하면 변의 개수
는 두 배로 늘어나면서 원의 넓이와의 오차는 더 줄어든다. 여러 번 반복한
다면 얼마든지 원하는 만큼 오차를 줄여나갈 수도 있다. 무한히 반복해나
가면 결국 원의 넓이를 구할 수 있게 된다.

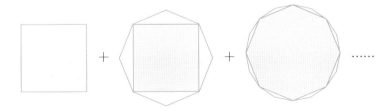

안티폰의 아이디어는 충분한 가능성이 있어 보였다. 그의 말마따나 변
의 개수를 두 배로 늘려가면서 오차를 줄일 수 있다. 문제는 그의 아이디어

가 아니었다. 그 아이디어를 따라 진행해가야 할 계산이었다. 계산이 번거롭고 복잡했다. 피타고라스의 정리를 이용하여 길이를 알아내다 보니 무리수가 계속 등장해 계산을 진행하기가 힘들었다. 무리수의 존재를 알기는 알았지만 구체적으로 다루는 이론이 전혀 없었던 터라 계산에 많은 무리가 따랐다. 실제 계산을 많이 진행하지 못했다고 한다.

아이디어는 그럴싸했으나 그 아이디어를 구체화할 지식과 기술이 부족했다. 전략은 좋았으나, 전술이 전략을 현실화시켜 주지 못했다. 그 역시 여기까지였다. 그도 마지막 주자가 아니었다. 하지만 그의 아이디어는 원의 넓이에 다가갈 수 있는 길을 제시했다. 착출법으로 명명된 이 방법은 후대로 이어져 적분법을 탄생시킨다.

오답에서 정답으로

무한히 많은 조각의 합을 구하다

기원전 3세기 고대 그리스의 수학자 아르키메데스가 원의 넓이문제를 해결한 주인공이다. 그는 안티폰의 방법을 이어받았다. 그러면서 안티폰이 부딪쳤던 문제를 극복하는 비범함을 추가로 선보였다. 그는 원을 분할하되, 넓이 하나하나를 구해 합산하지 않았다. 적절한 조작을 통해 분할된 조각 전체의 넓이를 한꺼번에 더해버렸다.

원을 다음 그림 A처럼 같은 크기로 무한히 분할한다. 그리고 B처럼 각 조각을 옆으로 쫙 펼친다. 분할을 많이 할수록, 무한히 쪼갤수록 각 조각은 이등변삼각형에 가까워진다. 밑변이 곡선이기는 하지만 무한히 분할한 조

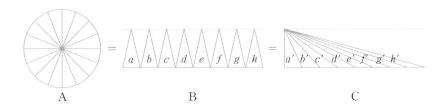

A B C

각이므로 거의 직선이 돼버린다. 삼각형이라고 눈감아줄 수 있다. 이때 이
등변삼각형 하나의 높이는 무엇이 될까? 무한히 분할할수록 조각 하나의
밑변의 길이는 짧아지고 그만큼 삼각형의 폭은 줄어든다. 즉, 높이는 양 옆
의 변과 길이가 거의 같아진다. 무한을 통해 원의 한 조각을 이등변삼각형
으로 만드는 데 성공한(?) 아르키메데스는 여기서 마법을 또 한 번 부렸다.

밑변의 길이와 높이가 같은 삼각형은 모양이 다르더라도 그 넓이가 같
다. 모양이 어떻든 밑변과 높이만 같다면 넓이는 동일하다. 아르키메데스
는 이 정리를 이용하여 각 삼각형을 변형해간다. 밑변의 길이와 높이는 같
게 하고 모양만 바꾸는 거다. 삼각형 a를 삼각형 a'로, 삼각형 b를 삼각형 b'
로, ……. 이렇게 각 삼각형을 변형하고 나면 모든 삼각형은 C처럼 하나의
큰 직각삼각형이 된다.

분해, 조작, 변형을 통해 원은 결국 직각삼각형으로 바뀌었다. 사람들이 그
토록 찾고자 했던 다각형을 찾아냈다. 베일에 가려 있던 원의 넓이가 밝혀질
순간이었다. 직각삼각형의 밑변과 높이만 알아내면 모든 게 끝난다. 이 직각
삼각형의 밑변의 길이는 각 조각의 밑변을 모두 더한 값, 원의 둘레이다. 원
을 쪼개서 펼쳐놓은 것이므로 원둘레와 같다. 높이는 원의 반지름이다.

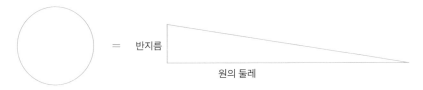

= 반지름

원의 둘레

고로 원의 넓이는,

$$원의 넓이 = 원의 둘레 \times (반지름 \div 2)$$
$$= (지름 \times 원주율) \times (반지름 \div 2)$$
$$= 2\pi r \times (r \div 2)$$
$$= \pi r^2$$

아르키메데스는 이렇게 원의 넓이문제를 해결했다. 이후 그의 방법과 공식은 다른 지역과 사람에게 퍼져 나갔다. 지금의 우리도 원의 넓이 하면 πr^2 이라고 말한다.

증명은 다른 방법으로

그런데 뭔가 석연치 않은 대목이 있지 않은가? 마법 같은 변환에 끄덕끄덕 하며 따라가기는 했지만 뭔가 이상하다. 치밀하고 꼼꼼하게 살펴보면 물음표를 던지고픈 한 곳이 있다. 원의 조각을 재배치해서 직각삼각형을 만들어내는 대목에서다. 원을 무한히 잘게 쪼개면 각 조각은 높이가 반지름과 같은 삼각형이 된다고 했다. 하지만 엄밀하게 보면 그렇지 않다. 곡선이 직선이 될 수는 없고, 높이가 반지름이 될 수는 없다. 거의 직선이 되고, 거의 반지름이 된다고 말할 수는 있지만 직선과 반지름이 된다고 말할 수는 없다. 엄밀한 듯 보이지만 도형의 화려한 변환을 내세워 얼버무리며 넘어가버렸다. 이 부분을 명확하게 해명해야만 그의 공식은 제대로 인정받을 수 있다.

원 = 직각삼각형?　　혹은　　원 ≒ 직각삼각형?

세상을 바꾼 위대한 오답

무한의 세계는 구름에 휩싸여 있는 수평선이다. 하늘과 바다의 경계는 모호하고 흐릿하다. 분명하지 않다. 그래서 그리스인들은 무한을 학문의 세계에서 퇴출해버렸다. 당시 학문이라 하면 유한적이어야 하고, 유한을 다뤄야 했다. 아르키메데스는 그런 무한을 원에 끌어들여 사용했다. 이런 난점을 그도 알고 있었다. 그래서 원의 조각을 재배열하는 방법으로 원의 넓이를 설명할 수는 없었다. 무한의 문제를 해결하거나, 무한이 아닌 다른 방법으로 설명해야 했다.

아르키메데스는 결국 무한이 아닌 방법을 선택했다. 아니, 증명했다. 그는 분명 무한을 통해서 원 넓이 공식을 추측했다. 그렇지만 증명을 그리할 수는 없었다. 무한이 전혀 개입되지 않아야 했다. 그는 이중귀류법이라는 지혜로운, 다른 말로 하면 아주 교활한 방법을 구사했다. 그는 수의 관계를 이용했다.

원의 넓이를 S라고 하자. S는 분명 수이다. πr^2 역시 수이다. 그럼 S와 πr^2의 대소관계는 어떻게 될까? 분명 셋 중의 하나다.

$$① \ S > \pi r^2 \quad ② \ S = \pi r^2 \quad ③ \ S < \pi r^2$$
$$\downarrow \qquad\qquad\qquad\qquad \downarrow$$
$$모순 \qquad\qquad\qquad\qquad 모순$$

아르키메데스는 ②를 보이고자 ①과 ③이 틀렸음을 증명하는 방법을 택했다. 셋 중 하나인데, 두 개가 아니라면 나머지 하나가 답인 건 확실하지 않은가! 아르키메데스는 원 넓이가 πr^2보다 크다고 가정한 후 이 가정이 모순임을 보였고, πr^2보다 작다고 가정한 후 이 가정 또한 모순임을 보였다. 남은 건 하나, 원 넓이는 πr^2이다. 증명 끝! 그는 무한을 회피해 돌아가는 길을 택했다.

넓이는 결국 직사각형으로

아르키메데스의 사유는 현란한 듯하지만 단순했다. 넓이문제의 기본전략인 직사각형 찾기에서 벗어나지 않았다. 오히려 기본에 충실하기 위해 천리 길을 마다 않고, 돌고 돌았다. 넓이문제의 공식은 여전히 하나였다. 직사각형 형태에, 가로의 길이 곱하기 세로의 길이였다.

한편 무한의 문제를 정면으로 다루면서 해결한 증명법은 없을까? 아르키메데스도 가지 못한 그 길로 원의 넓이에 다다른 길은 없을까? 있다! 그게 적분법이다. 적분법은 주어진 도형을 우선 무한히 많은 직사각형, 무한히 얇은 직사각형으로 잘게 쪼갠다. 그런 다음 무한히 많은 직사각형들의 넓이를 모두 더해서 그 도형의 넓이를 계산해낸다. 아르키메데스가 기피했던 무한을 적극적으로 활용했다. 무한항의 합을 계산할 수 있게 된 근대에 이르러서야 이 접근법은 비로소 풀렸다. 적분법을 통해서도 원의 넓이는 πr^2이다. 답은 같다. 답만이 아니다. 직사각형 전략도 같다. 넓이문제의 결론은 직사각형이었다.

세상을 바꾼 위대한 오답

3장

원의 둘레는
지름의 몇 배일까?

원주율이 뭐냐고 물으면 열에 아홉은 3.14라고 답한다. 3.14는 원주율의 값이지, 그 뜻이 아니다. 원주율은 원주(원둘레)의 비율을 줄인 말이다. 무엇에 대한 비율일까? 원둘레의 지름에 대한 비율이다. 즉, 원둘레가 지름의 몇 배인가를 말한다. π 값이 약 3.14라는 건 원둘레가 지름의 3.14배란 뜻이다. 믿어지는가? 주위의 동그란 물건을 자세히 들여다보라. 둘레가 지름의 세 배가 넘을 것 같은가? 그리 보이지 않는다면, 눈을 의심하든지 원주율의 값을 의심해야 한다.

❶ 구약성서 『열왕기상』 7장 23절, 기원전 6세기 기록

"그다음에 후람은 놋쇠를 부어서 바다 모양 물통을 만들었는데, 그 바다 모양 물통은, 지름이 열 자, 높이가 다섯 자, 둘레가 서른 자이고, 둥근 모양을 한 물통이었다." ···· (원주율=3)

❷ 고대 메소포타미아

정육각형의 둘레와 그 외접원의 원둘레의 비는 $0;57;36\left(\dfrac{57}{60}+\dfrac{36}{3600}=0.96\right)$이다.
···· (원주율=$3\dfrac{1}{8}=3.125$)

❸ 고대 이집트

지름이 9인 원이 있다. 원의 넓이의 둘레에 대한 비율은 그 원에 외접하는 사각형 넓이의 사각형의 둘레에 대한 비와 같다. ···· (원주율=$4\left(\dfrac{8}{9}\right)^2=\dfrac{256}{81}=3.16049\cdots$)

❹ 기원전 3세기 고대 그리스, 아르키메데스

$3\dfrac{10}{71}<$ 원주율 $<3\dfrac{1}{7}$

❺ 1) 고대 중국, 『구장산술』

둘레가 30보이고, 지름이 10보인 원이 있다. 이 원의 넓이는 얼마일까? ···· (원주율=3)

2) 3세기 유휘: $3.141024<$ 원주율 <3.142704, $\dfrac{157}{50}=3.14$

　　5세기 조충지: $3.1415926<$ 원주율 <3.1415927

❻ 1) 499년 인도, 『아리아바티야』

100에 4를 더하여 8로 곱하고 다시 62000을 더하라. 그 결과는 지름이 20000인 원의 둘레의 근사값이다. ···· (원주율=3.1416)

2) 7세기 인도, 브라마굽타

원주율 $= \sqrt{10} = 3.162277$

❼ 1593년, 비에트, 『다양한 수학문제 8권』

$$\frac{\pi}{2} = \cfrac{1}{\sqrt{\frac{1}{2}}\sqrt{\frac{1}{2}+\frac{1}{2}\sqrt{\frac{1}{2}}}\sqrt{\frac{1}{2}+\frac{1}{2}\sqrt{\frac{1}{2}+\frac{1}{2}\sqrt{\frac{1}{2}}}}\cdots}$$

⋯ (원주율을 수식으로 처음 표현)

❽ 1987년, 처드노프스키 알고리즘

$$\frac{1}{\pi} = \frac{12}{640320^{\frac{3}{2}}}\sum_{k=0}^{\infty}\frac{(6k)!(13591409+545140134k)}{(3k)!(k!)^3(-640320)^{3k}}$$

⋯ (한번 계산할 때마다 14자리 소수값을 알아낸다.)

❾ 1995년, 16진법 기반의 BBP 알고리즘

$$\pi = \sum_{k=0}^{\infty}\frac{1}{16^k}\left(\frac{4}{8k+1}-\frac{2}{8k+4}-\frac{1}{8k+5}-\frac{1}{8k+6}\right)$$

⋯ (원주율의 n번째 자릿값을 바로 알아낸다.)

❿ 17세기, 제임스 그레고리

π가 어떤 수인지를 질문했다. 분수로 표현되는 유리수인지, 표현되지 않는 무리수인지 물었다. 스코틀랜드의 수학자·발명가인 제임스 그레고리는 π가 다항방정식의 해가 아닌 초월수임을 보이려 했으나 성공하지 못했다.

근사값일 뿐

약방에 감초가 있다면 수학에는 원주율 π가 있다. 앞장에서 다룬 원의 넓이에도 π가 관여한다. π 값을 알아야 원의 넓이 πr^2을 계산할 수 있다. 라디안처럼 각도를 표현할 때도, 가장 아름다운 수식에 뽑힌 오일러의 등식 $e^{i\pi}+1=0$에도, 확률에도 π는 등장한다. 현대에 와서 π는 아인슈타인의 상대성이론에서도 양자역학에서도 그 모습을 드러낸다.

$$R_{\mu v}-\frac{1}{2}Rg_{\mu v}+\Lambda g_{\mu v} = \frac{8\pi G}{c^4}T_{\mu v} \qquad \text{아인슈타인의 장방정식}$$

$$\Delta x \cdot \Delta p \geqq \frac{h}{4\pi} \qquad \text{하이젠베르크의 불확정성의 원리}$$

우리는 π를 수로 배우기보다는 피타고라스 정리와 같은 수학의 특별한 이론처럼 배웠다. 그러나 π의 정체는 2, $\frac{1}{3}$, −4, $\sqrt{5}$와 같이 하나의 수다. 일반적인 수처럼 개수를 세거나, 계산을 하면서 등장하지 않아서 수와 달리 보일 뿐이다. π는 원의 둘레가 지름의 몇 배나 될까, 하는 질문으로부터 등장했다. 신기하지 않은가? 어떤 문제를 푸는 과정에서 새롭게 발견한 수라니!

π는 원의 둘레를 원의 지름으로 나눈 값이다. 둘레나 지름 모두 수이니 π도 결국 수이다. 그런데 등장과정도 남달랐던 만큼 이전 수와는 다른 독특한 면모가 있어 다른 수와는 다른 대접을 받아왔다. π의 일반적인 값은 3.14 또는 3.141592다. 이 값을 보고 3월 14일에, 더 심하게는 3월 14일 15시 9분 2초에 파이(π) 데이 행사를 한다.

측정을 통해 π를 구하다

π에 대한 관심은 고대로부터 시작됐다. 고대인들이 사용한 π 값을 보자.

❶은 성서의 한 구절인데 지름이 열 자, 둘레가 서른 자라고 했다. 원둘레가 지름의 세 배이니 π=3이다. 물론 틀린 값이다. π 값으로 3은 고대에 가장 간단한 값으로 빈번하게 사용됐다. 자연수로 딱 떨어지니 이모저모 편했을 것이다. ❺의 1)에서 보듯이 고대 중국에서도 π 값으로 3을 채택했다. 기원후 500년경 탈무드에서조차 "둘레가 손바닥 셋이면 나비는 손바닥 하나"라고 했다. 3은 보기도 좋고 외우기도 좋고 계산하기도 좋다. 하지만 오차가 많다. 실용적인 면에서도 정확도가 많이 떨어진다. 보다 정밀한 값이 요구됐다.

3 이외에 보다 정밀한 값으로 $3\frac{1}{7}$, $3\frac{1}{8}$ 이 있다. 이 값은 비교적 쉽게 얻을 수 있다. 실제 측정을 해보면 된다. 원을 조금 크게 그린 후 둘레에 지름이 몇 개나 들어가는지 세보면 된다. 3개가 들어가고도 조금 남는다. 남는 부분을 분수로 대략 나타내면 지름의 $\frac{1}{7}$이나 $\frac{1}{8}$ 정도다. 바퀴를 굴려서 둘레에 지름이 몇 개나 들어가는지 보거나, 둘레의 길이를 잰 후 지름의 길이로 나누는 방법도 있다.

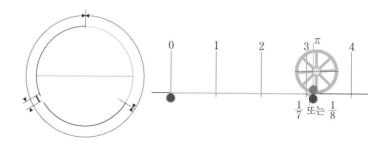

❷는 메소포타미아의 π 값이다. 그들은 정육각형의 둘레와 그 외접원의 원둘레의 비를 0.96이라고 했다. 이 비율을 통해 계산해보면 그들이 사용한 π의 값은 $3\frac{1}{8}=3.125$이다.

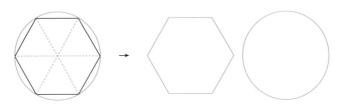

정육각형의 둘레 : 원의 둘레 = 0.96
$$\rightarrow \pi=3\frac{1}{8}=3.125$$

원에 내접하는 정육각형의 한 변의 길이는 그 원의 반지름과 같다. 반지름을 1이라고 하면, 정육각형의 둘레는 6이다. 원의 둘레는 지름에 원주율을 곱한 것이니 2π이다. 정육각형의 둘레와 원의 둘레의 비가 0.96이므로 6:2π=0.96이다.
$$6:2\pi=\frac{6}{2\pi}=0.96$$
$$\rightarrow\pi=3.125$$

3.125라는 π 값도 틀렸다. 3보다는 오차가 줄었지만 틀렸다. 그 원인은 0.96에 있다. 이 비가 틀려 π 값도 틀려버렸다. 정육각형의 둘레와 원의 둘레 사이의 진짜 비는 얼마일까? 원의 둘레는 $2\pi r$, 이 원에 내접하는 정육각형의 둘레는 $6r$이다. 그 비는 $6r:2\pi r$, 즉 $\frac{6r}{2\pi r}=\frac{3}{\pi}≒0.9554$이다.

메소포타미아인들은 π 값을 어떻게 얻었는지 밝혀놓지 않았다. 다른 이론이나 계산을 통해 얻었다는 흔적은 없다. $3\frac{1}{8}$이라는 값으로 볼 때 측정치가 아닌가 싶다.

세상을 바꾼 위대한 오답

이론적으로 π를 구하다

경험적 측정에는 오류와 오차가 많다. 정밀하지도 않다. 정확한 값을 알아내기 위해서는 이론적인 접근이 필요하다.

고대 이집트인들은 비를 통해 π 값을 제시했다. 그들은 원의 넓이의 둘레에 대한 비율은 그 원에 외접하는 사각형 넓이의 그 둘레에 대한 비와 같다고 했다. 다소 복잡하다. 이때 그들은 원의 지름이 9일 경우, 원의 넓이를 한 변의 길이가 8인 정사각형의 넓이와 같다고 봤다.

이 관계를 이용하면 이집트인들의 π 값을 알아낼 수 있다. 그들이 사용한 π 값은 $4 \times \left(\dfrac{8}{9}\right)^2$ 으로 대략 3.1605이다. 측정값으로 간주했던 메소포타미

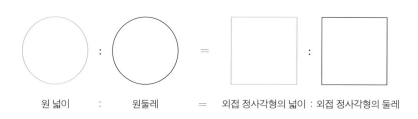

원 넓이   :   원둘레   =   외접 정사각형의 넓이 : 외접 정사각형의 둘레

원 넓이 → $8^2 = 64$ (한 변의 길이가 8인 정사각형의 넓이와 같으므로)

원둘레 → 9π (원둘레는 지름 곱하기 π이므로)

정사각형의 넓이 → $9^2 = 81$

정사각형의 둘레 → $9 \times 4 = 36$

원 넓이 : 원둘레 = 외접 정사각형의 넓이 : 외접 정사각형의 둘레

$$8^2 : 9\pi = 9^2 : 9 \times 4$$
$$9\pi \times 9^2 = 8^2 \times 9 \times 4$$
$$\pi = 4 \times \left(\frac{8^2}{9^2}\right)$$
$$= 4 \times \left(\frac{8}{9}\right)^2$$
$$\fallingdotseq 3.1605$$

아 값보다 더 안 좋다. 측정치라고 보기 어렵다. 넓이 대 둘레의 관계를 이용하여 π를 계산해냈다. 넓이와 둘레 사이에 일정한 비가 존재할 것이라는 추측을 바탕으로 했다.

3.1605라는 π 값도 정확하지 않다. 이 오류는 어디에서 발생했을까? 비례식? 아니다. 식은 맞았으나 원의 넓이를 64로 잘못 설정한 탓이다. 제대로 하면 '원 넓이 : 원둘레'는 '외접 사각형의 넓이 : 외접 사각형의 둘레'와 같다. 식은 맞았으나 구체적인 수치가 틀려버리는 바람에 π 값이 틀렸다. 그렇지만 이 시도는 매우 중요하다. π를 측정이 아닌 이론적으로 계산해내려 했기 때문이다.

원 넓이 : 원둘레 = 외접 정사각형의 넓이 : 외접 정사각형의 둘레?
반지름이 r인 원과 이 원에 외접하는 정사각형을 생각해보자.

원 넓이 πr^2

원둘레 $2\pi r$

정사각형의 넓이 $(2r)^2 = 4r^2$

정사각형의 둘레 $2r \times 4 = 8r$

원 넓이 : 원둘레 $= \pi r^2 : 2\pi r = \dfrac{r}{2}$

외접 사각형의 넓이 : 외접 사각형의 둘레 $= 4r^2 : 8r = \dfrac{r}{2}$

원 넓이 : 원둘레 = 외접 정사각형의 넓이 : 외접 정사각형의 둘레 $= \dfrac{r}{2}$

오답 속 아이디어

다른 도형과의 관계를 이용해서 π 값을 찾다

고대인들은 π를 추적해갔다. 쉽게 알아낼 수 있는 3으로부터 3.14에 더

세상을 바꾼 위대한 오답

가까이 접근했다. 사냥감을 모퉁이로 몰아가듯 오차를 더 줄이며 π에 다가 갔다. 이런 탐구가 가능했던 것은 고대인들이 원에 대해서 꿰뚫어본 통찰이 있었기 때문이다.

원의 둘레와 지름 사이에 일정한 비가 있다! 고대인들은 이 점을 간파했다. 크기가 다른 원이라도 원의 둘레가 지름의 일정한 곱이 될 것이라고 그들은 생각했다. 특정한 하나의 원이 아니라 모든 원이 그럴 거라고. 정확도는 부차적이고 기술적이며 시간상의 문제일 뿐이다. 이 통찰은 π의 탐구를 견인했다.

원주율에 대한 통찰은 어디로부터 왔을까? 많은 원을 측정해 원둘레를 지름으로 나눠본 결론일 수도 있다. 측정값이 비슷한 걸 보고서 원주율이 일정할 것이라 짐작하는 것은 가능하다. 작은 원, 큰 원, 다양한 크기의 원을 자주 접하면서 직관으로 얻은 추측일 수도 있다. 한편 다각형을 통해 유추한 것으로 볼 수도 있다. 정삼각형이나 정사각형과 같은 정다각형은 한 변의 길이와 둘레 사이에 일정한 관계가 있다. 정삼각형은 $1:3$, 정사각형은 $1:4$, 정n각형은 $1:n$으로 일정하다. 원처럼 중심으로부터 꼭지점까지의 거리와 정다각형의 둘레 사이의 관계도 마찬가지로 일정하다. 그 관계를 원에 적용시킨다면 원둘레가 반지름이나 지름의 일정한 비가 될 것이라고 짐작할 수 있다. 다각형의 넓이나 둘레를 이용하여 원둘레를 파악하고자 했던 고대인의 방법이 그런 사고의 흔적이다.

고대인들은 정확한 π 값을 알아내는 데 실패했다. 이유는 곡선 때문이다. 직선의 길이는 쉽고 정확하게 파악되는데 곡선의 길이를 자로 측정할 수는 없다. 원의 둘레가 얼마인지 정확하게 안다면 π 값 계산은 쉽다. 하지만 원둘레를 직접적으로 파악할 도리가 없었다. 곡선을 직선화할 수 있을 때에야 비로소 원둘레를 알아내는 일이 가능하다. 곡선과 직선의 관계를 이해해야만 π를 알 수 있었다. 이 문제는 고대인의 역량을 넘어서는 수준이었다.

다른 도형과의 관계를 이용하라! π를 알아내기 위해서 고대인들이 택한 다른 방법이었다. 자체적으로 해결이 안 되니, 다른 것과의 관계를 통해서 해결하려 했다. ❷와 ❸에서 π를 길이의 비나, 넓이와의 비를 통해서 표현한 것도 이런 이유 때문이었다. ❸에서는 원과 원에 외접하는 정사각형, 그 둘 사이에 존재하는 넓이와 둘레의 비를 이용했다. 이 해법의 의도는 분명하다. 정사각형의 비를 통해서 π를 역으로 알아내려는 계획이었다. 이 시도는 도형 간의 관계를 활용한 탁월한 방법이었다.

원주율에 대한 통찰, 측정에 의한 근사값, 다른 도형과의 관계를 통한 추적 등의 성과를 바탕으로 π의 역사는 지속되었다. 원이라는 오묘한 도형 안에 π는 보물처럼 숨겨져 있었다. 정밀한 아이디어만이 그 보물을 캐낼 수 있었다. 원의 대가가 되지 않는 한, 원의 신비를 벗길 만큼의 집요함과 엄밀함을 갖춘 자가 아닌 한 π를 쟁취하는 건 불가능했다.

오답의 약진

다른 방식으로 π의 범위를 좁혀라

원에 탐닉하고, 원의 신비를 벗겨내고자 일생을 바쳤던 수학자가 있었다. 묘비에마저 원기둥과 구가 그려져 있는 기하학의 대가, 아르키메데스다. 그는 죽기 직전에도 원을 연구하고 있었다. 기원전 3세기경 아르키메데스가 살던 시라쿠스에 로마군이 침공해왔을 때, 그는 모래 위에 원을 그려가며 연구에 몰두하고 있었다. 로마병사가 모래 위의 원을 밟자, "원을 밟지 말라"고 소리쳤다가 애석한 죽임을 당한 것은 수학사의 유명한 이야기다. 그런 그가 살아생전 원주율을 그냥 지나쳤을 리 없다.

아르키메데스의 접근법은 그 이전과 달랐다. 그는 π를 특정 값으로 확정하지 않았다. 대신 π를 무엇과 무엇의 사이로 한정했다. π가 3보다는 크고, 3.5보다는 작다는 식이다. 이렇게만 보면 대단한 게 없어 보인다. 범위를 넓게 잡으면 누구라도 시도할 수 있다. 아르키메데스의 위대함은 최소값과 최대값의 차이에서 발휘된다. 그는 그 차이를 소수 몇째 자리까지 줄여버렸다. 그 차이를 좁힐수록 우리는 π에 가까이 다가가게 된다. 이것이 그의 전략이었다. 그는 엄밀하고 이론적인 방법으로 π 값을 추적해갔다.

원에 내접하는 정육각형과 외접하는 정육각형이 있다. 이때 원둘레의 길이는 두 정육각형의 둘레 사이에 있다.

내접 정육각형의 둘레 < 원둘레 < 외접 정육각형의 둘레

이 식은 우리에게 π의 범위를 암시해준다. π는 원둘레를 원의 지름으로 나눈 값이다. 고로 지름으로 이 부등식을 나누면 그 식이 곧 π의 범위가 된다.

내접 정육각형의 둘레 < 원둘레 < 외접 정육각형의 둘레

내접 정육각형의 둘레÷지름 < 원둘레÷지름 < 외접 정육각형의 둘레÷지름

$$\frac{\text{내접 정육각형의 둘레}}{\text{지름}} < \pi < \frac{\text{외접 정육각형의 둘레}}{\text{지름}}$$

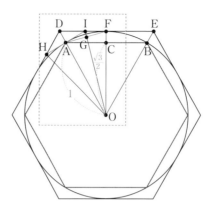

반지름이 1인 원에 내접하는 정육각형 한 변의 길이는 1이다. 고로 내접 정육각형의 둘레의 길이는 6이다. 외접 정육각형의 한 변의 길이는 $\overline{DF}$의 두 배다. $\overline{DF}$는 닮은 삼각형, △OAC와 △ODF의 길이의 비로 구한다. △OAC와 △ODF는 닮았으므로 대응하는 길이의 비는 같다.

$$\overline{AC}:\overline{OC}=\overline{DF}:\overline{OF} \rightarrow \frac{1}{2}:\frac{\sqrt{3}}{2}=\overline{DF}:1 \rightarrow \overline{DF}=\frac{1}{\sqrt{3}}$$

$\overline{DF}$의 길이가 $\frac{1}{\sqrt{3}}$ 이므로 외접 정육각형 한 변의 길이는 $\frac{2}{\sqrt{3}}$ 이다. 따라서 외접 정육각형의 둘레의 길이는 $\frac{12}{\sqrt{3}}$ 이다. 원둘레의 범위는,

$$6 < 원둘레 < \frac{12}{\sqrt{3}}$$

이 식을 원의 지름 2로 나누면 원주율의 범위가 나온다.

$$6 \div 2 < 원둘레 \div 2 < \frac{12}{\sqrt{3}} \div 2$$

$$3 \ < \ 원주율 \ < \ 3.464$$

정육각형은 다각형이므로 그 둘레를 계산해낼 수 있다. 내접하는 것이든, 외접하는 것이든 계산 가능하다. 반지름이 1일 때, 원둘레와 π의 범위는 다음과 같다.

세상을 바꾼 위대한 오답

$$6 < \text{원둘레} < \frac{6}{\sqrt{3}}$$
$$3 < \pi < 3.464$$

정육각형을 이용한 π의 범위는 그다지 정밀하지 않다. 그 이전의 π 값에 비해 결코 나아지지 않았다. 사자의 발톱은 아직 드러나지 않았다. 그는 정육각형에서 시작해 변을 두 배로 늘려갔다. 정육각형, 정십이각형, 정이십사각형, ……. 그러면서 π의 범위를 계속 구해갔다. 그럴수록 π의 범위는 더욱 좁혀졌다. 그는 최종적으로 정구십육각형을 통해 π의 범위를 아래와 같이 줄여갔다.

$$3\frac{10}{71} < \pi < 3\frac{1}{7}$$
$$3.14084 < \pi < 3.142858$$

처음 정육각형일 때의 값과 비교해보라. 간격이 어마어마하게 좁아졌다. 소수 둘째자리인 3.14까지 정확하다. 이 방법을 다시 반복한다면 그 간격은 더욱 줄어들고, π 값은 그만큼 더 정확해진다. 그런데 아르키메데스는 정구십육각형에서 멈췄다. 왜?

어려움은 계산에 있었다. 정다각형의 변의 길이를 구하는 건 직각삼각형의 비와 피타고라스의 정리를 이용한다. 그러다 보면 정육각형의 경우처럼 $\sqrt{3}$ 과 같은 무리수와 마주치게 된다. 고대 그리스인이 정복하지 못한 무리수가 의외의 복병이었다. 아르키메데스는 무리수를 가장 근접한 유리수로 대체하면서 이 난관을 극복해갔다. $\sqrt{3}$ 의 경우는 $\frac{256}{153}$ 의 분수를 사용했다. 그가 어떻게 이런 분수를 찾았는지는 알려지지 않았으나 정구십육각형까지 계산해냈다는 사실 자체만으로 놀라움을 안겨준다. 아이디어뿐만 아니라 그 과정에서 나오는 복잡한 계산을 처리하는 면에서도 그는 탁월했다.

아르키메데스 이후 π의 역사는 바뀌었다. 그 이전에는 접근방법이 다양했다. 덜 엄밀하지만 나름대로의 방법으로 π 값을 알아내려 했다. 그러나 아르키메데스의 방법이 등장하면서 그의 접근법이 π 추적의 기본으로 자리잡았다. 16세기 서양에서 다른 접근법이 나오기 전까지 그랬다. 사람들은 정다각형의 변의 개수를 늘리고, 그 과정에서의 계산을 잘 처리해 π의 범위를 더 좁히려고 했다. 서양에서뿐만 아니라 중국이나 인도에서도 아르키메데스의 방법이 사용됐다.

중국에서는 3세기에 유휘가 192각형을 사용해 '3.141024 < π < 3.142704'를, 3072각형을 통해서는 3.14159를 얻었다. 5세기 조충지와 그의 아들 조항지는 '3.1415926 < π < 3.1415927'이라는 값을 얻어냈다. π의 실제값과 소수 여섯째 자리까지 같은, 대단히 정확한 값이다. 뛰어난 계산도구를 활용한 덕택이었다.

인도의 경우 4세기 전후에 출판된 『파울리사 싯단타』에 $\pi = 3\frac{177}{1250}$ =3.1416이라는 기록이 있다. 499년의 '100에 4를 더하여 8로 곱하고 다시 62000을 더하라. 그 결과는 지름이 20000인 원의 둘레의 근사값이다.'[*] 라는 기록대로 하면 둘레는 62832가 된다. 이 값을 지름 20000으로 나누면 π는 3.1416이다. 7세기 브라마굽타가 제안한 $\sqrt{10}$도 아르키메데스의 방법을 근거로 한 것 같다. 브라마굽타는 지름이 10인 원에 내접하면서 변이 12, 24, 48, 96개인 다각형의 둘레는 $\sqrt{965}$, $\sqrt{981}$, $\sqrt{986}$, $\sqrt{987}$이란 걸 알

[*] 페트르 베크만, 『파이의 역사』, 김인수 옮김, 민음사, 1995, 40쪽.

세상을 바꾼 위대한 오답

았다. 이 수열을 보고 그는 내접 다각형의 둘레가 변이 많아질수록 $\sqrt{1000}$ 에 가까워진다고 봤다. 이 다각형은 거의 원이기에 $\sqrt{1000}$ 을 지름 10으로 나눠 $\sqrt{10}$ 이라는 π 값을 얻었다.

아르키메데스는 인류에게 보다 정밀한 π 값을 선사했다. 더 귀한 선물은 그의 접근법이었다. 그 방법은 누구나 쉽게 활용 가능해, 원하는 사람 누구든지 π의 역사에 참여할 수 있게 했다. 하지만 그의 π 값은 정교하다지만, 범위로 제시되는 근사값이었다. 특정한 π 값을 제시하지는 못한다. 오답이지만 특정한 값을 제시했던 그 이전의 시도와는 달랐다.

아르키메데스는 π를 왜 특정한 값이 아닌 범위로 제시했을까? 누구보다 원에 깊게 매료되고, 원을 사랑했던 그가 왜 그랬을까? 원주율이 일정하지 않다고 생각한 건 아니다. 오랜 탐구를 통해 곡선과 직선의 본질적인 차이를 인정했던 게 아닐까. 곡선이 결코 직선이 될 수 없다고 생각해, 곡선을 직선으로 한없이 다가가는 전략을 택한 게 아닐까. 그 이유에 대해 우리는 알지 못한다. 어쨌건 그는 곡선을 직선으로 접근해가고자 했다. 근대적 의미의 극한 개념을 적용했던 셈이다.

또 다른 방법으로 π 추적

π 이야기는 16세기에 이르러 새로운 장면을 맞이하게 된다. 아르키메데스적이지만 아르키메데스적이지 않은(?) 다른 방법이 출현했다. 아르키메데스적이란 건 여전히 정다각형이라는 아이디어에 의존하고 있어서다. 아르키메데스적이지 않다는 것은 정다각형을 이용하지만 아르키메데스와는 다른 방식으로 접근했기 때문이다.

비에트는 16세기 프랑스의 아마추어 수학자로 계산, 대수, 삼각함수, 기하학에 중대한 공헌을 했다. 음수나 계수 같은 새로운 용어를 고안했다. 그는 정사각형으로부터 시작해 변의 개수를 두 배로 늘려가면서 넓이의 비를 생각해보았다. 그 결과 π가 포함된 등식을 찾아냈다. 1593년『다양한 수학 문제 8권』이란 책에서였다. 그는 π를 다음과 같이 표현했다.

$$\frac{\pi}{2} = \cfrac{1}{\sqrt{\frac{1}{2}}\sqrt{\frac{1}{2}+\frac{1}{2}\sqrt{\frac{1}{2}}}\sqrt{\frac{1}{2}+\frac{1}{2}\sqrt{\frac{1}{2}+\frac{1}{2}\sqrt{\frac{1}{2}}}}\cdots}$$

π를 계산할 수 있는 수식이 역사상 처음으로 등장했다. π는 이 계산식 안에 온전히 담겨 있다. 이 식만 계산하면 π를 알 수 있게 됐다. 보이지 않고, 잡히지 않던 π가 수식을 통해 분명하게 드러났다. 그 수식만 잘(?) 푼다면 π를 손에 잡을 수 있게 됐다. 측정도 아니고, 추정도 아니고 수식의 전개를 통해 얻어낸 빈틈 없는 결론이었다. π 값이 범위로 제시되는 게 아니라 계산을 거쳐서 특정 값이 얻어졌다. 다만 수식 안에 무한이 들어간다는 게 문제라면 문제였다.

π의 계산식을 발견한 비에트, 얼마나 정확한 π 값을 얻어냈을까? 그는 소수 이하 9자리까지 정확하게 계산해냈다. 그가 밝혀낸 π 값의 범위는 다음과 같다.

$$3.1415926535 < \pi < 3.1415926537$$

뭔가 이상하지 않은가? π 값이 하나의 값이 아니라 범위로 제시됐다. 이건 아르키메데스의 방식이지 않은가! 비에트는 π 값 계산에 그가 발견한 식을 사용하지 않았다. 그 식은 π 값 계산에 유용하지 못했다. 제곱근이 들

세상을 바꾼 위대한 오답

비에트의 π 계산식 유도

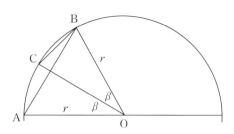

$\overline{AB}$는 정n각형의 한 변이다. $\overline{BC}$는 정$2n$각형의 한 변이다.

정n각형의 넓이 $S(n) = \triangle OAB \times n$($\triangle OAB$가 n개이므로)

$$= \left(r \cdot r\sin 2\beta \cdot \frac{1}{2}\right) \times n = \frac{nr^2 \sin(2\beta)}{2} = nr^2 \sin\beta \cos\beta \ - \ \text{①}$$

정$2n$각형의 넓이 $S(2n) = \triangle OBC \times 2n$($\triangle OBC$가 $2n$개이므로)

$$= \left(r \cdot r\sin\beta \cdot \frac{1}{2}\right) \times 2n = nr^2 \sin\beta$$

여기서 $\dfrac{S(n)}{S(2n)} = \dfrac{nr^2 \sin\beta \cos\beta}{nr^2 \sin\beta} = \cos\beta$

변을 두 배로 늘려가면서 $\dfrac{S(n)}{S(2^k n)}$의 값을 계산해보자.

$$\frac{S(n)}{S(2^k n)} = \frac{S(n)}{S(2n)} \times \frac{S(2n)}{S(2^2 n)} \times \frac{S(2^2 n)}{S(2^3 n)} \times \cdots\cdots \times \frac{S(2^{k-1} n)}{S(2^k n)}$$

$$= \cos\beta \cdot \cos\frac{\beta}{2} \cdot \cos\frac{\beta}{2^2} \cdots\cdots \cos\frac{\beta}{2^{k-1}}$$

k가 무한히 커지면 $S(2^k n)$은 무한히 많은 변을 가진 정다각형의 넓이가 된다. 즉, 원의 넓이 πr^2이 된다. 이 사실과 ①을 이용하면,

$$\frac{S(n)}{S(2^k n)} = \frac{nr^2 \sin(2\beta)}{2} \div \pi r^2 = \cos\beta \cdot \cos\frac{\beta}{2} \cdot \cos\frac{\beta}{2^2} \cdots\cdots \cos\frac{\beta}{2^{k-1}}$$

이로부터 $\pi = \dfrac{n \sin(2\beta)}{2} \div \cos\beta \cdot \cos\dfrac{\beta}{2} \cdot \cos\dfrac{\beta}{2^2} \cdots\cdots \cos\dfrac{\beta}{2^{k-1}} \ - \ \text{②}$

비에트는 정사각형에서 시작했으므로 $n=4$, $\beta = 45°$, $\sin\beta = \cos\beta = \dfrac{1}{\sqrt{2}}$이다. 이 값과 $\cos$의 반각공식 $\cos\dfrac{\alpha}{2} = \sqrt{\dfrac{1+\cos\alpha}{2}}$를 ②에 적용해 정리하면 아래 식이 나온다.

$$\frac{\pi}{2} = \cfrac{1}{\sqrt{\frac{1}{2}} \sqrt{\frac{1}{2} + \frac{1}{2}\sqrt{\frac{1}{2}}} \sqrt{\frac{1}{2} + \frac{1}{2}\sqrt{\frac{1}{2} + \frac{1}{2}\sqrt{\frac{1}{2}}}} \cdots}$$

어가 있었고, 성가셨으며, 제곱근 항을 거듭 계산해야만 했다. π 값 계산을 위해서 그는 그가 발견한 수식을 활용하지 않았다. 결국 아르키메데스의 방법을 그대로 따랐다. 정393216각형을 이용해 π의 범위를 유효숫자 10자리까지 좁혔다.

다른 도형, 다른 수식의 등장

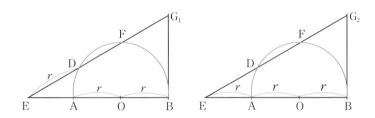

비에트 이후 π 값을 알아내기 위해 새로운 접근방법이 시도됐다. 아르키메데스의 정다각형이 아닌 다른 기하학적 방법도 등장했다. 네덜란드의 수학자 스넬리우스는 1621년의 책 『원의 측정』에서 다른 기하학적 도형을 제안했다. 아르키메데스의 방식을 따르면 π 값의 상한과 하한의 차이가 크다는 이유였다. 데카르트, 코찬스키(A. A. Kochański), 헬더르(Jacob de Gelder), 홉슨(E. W. Hobson)도 다른 작도를 통해 π 값을 탐색했다.

π가 포함된 다른 식도 이어서 등장했다.

$$\frac{\pi}{2} = \frac{2 \times 2 \times 4 \times 4 \times 6 \times 6 \times 8 \cdots}{1 \times 3 \times 3 \times 5 \times 5 \times 7 \times 7 \cdots}$$

– 월리스(1655년)

세상을 바꾼 위대한 오답

$$\frac{\pi}{4} = \cfrac{1}{1+\cfrac{1^2}{2+\cfrac{3^2}{2+\cfrac{5^2}{2+\cfrac{7^2}{2+\cfrac{9^2}{2+\ddots}}}}}}$$

– 윌리엄 브롱커, π를 연분수로 표현(17세기)

$$\frac{\pi}{4} = 1 - \frac{1}{3} + \frac{1}{5} - \frac{1}{7} + \cdots$$

– 그레고리–라이프니츠, π를 무한항의 합으로 표현한 최초의 식(1674년)

$$\frac{\pi^2}{6} = 1 + \frac{1}{2^2} + \frac{1}{3^2} + \frac{1}{4^2} + \cdots$$

– 오일러(18세기)

π의 역사는 근대를 통과하면서 다채로워지고 풍성함이 더해졌으며 더 정밀해졌다. 지수, 로그, 무한급수, 삼각함수, 미적분학과 같은 새로운 수학의 등장 덕택이었다. 새로운 계산기법과 계산도구의 등장은 π 값의 유효숫자를 더 늘게 했다. 18세기만 하더라도 π는 소수 140자리까지 늘어났다.

19세기에는 암산의 천재와 수학자들이 합동하여 π 기록을 세우는 재미난 풍경도 연출됐다. 요한 마르틴 차하리아스 다아제는 슬쩍 보고도 사물이 몇 개인지, 책의 글자수가 몇 개인지를 금방 알아내는 능력이 있었다. 100자리수 곱셈을 8시간 45분간 암산을 거쳐 알아낼 정도였다. 그는 엄청난 계산 능력을 각국에서 공연하며 돌아다녔다. 1840년 비엔나에서 공연하다가 스위스 빈의 수학자 슐츠 폰 스트라스니츠키를 알게 돼 수학자들과 인연이 닿았다. 가우스도 그중 한 명이었다. 스트라스니츠키는 엄청난 계산력을 소유한 다아제와 협력하여 π를 소수 200자리까지 계산해냈다.

현대에 들어서도 새로운 계산식이 등장했다. π 값을 보다 빨리 계산할 수 있는 식이 속속 등장했다. 인도의 천재 수학자 라마누잔은 1914년에 다음과 같은 계산식을 발표했다. 이 식은 훗날 1700만 자리까지 π 값을 계산하는 데 요긴하게 쓰였다. 1985년의 일이었다.

$$\frac{1}{\pi} = \frac{2\sqrt{2}}{9801} \sum_{k=0}^{\infty} \frac{(4k)!(1103+26390k)}{k!^4(396^{4k})}$$

처드노프스키 형제도 π 계산식을 내놓았다. 그들이 공개한 식은 한번 계산할 때마다 14자리의 유효숫자를 제공했다. 라마누잔의 계산식이 한번에 6~8자리를 알려주는 것과 비교해보면 매우 효과적인 계산식이다. 그들이 1987년에 제시한 식은 아래와 같다.

$$\frac{1}{\pi} = \frac{12}{640320^{\frac{3}{2}}} \sum_{k=0}^{\infty} \frac{(6k)!(13591409+545140134k)}{(3k)!(k!)^3(-640320)^{3k}}$$

컴퓨터는 π의 역사를 다른 차원의 속도로 빠르게 진행시켰다. 1949년 9월 컴퓨터를 이용한 첫 시도가 이뤄졌는데, 2037자리까지를 70시간에 걸쳐 계산해냈다. 이후 지속적으로 발전해 2014년 10월 8일에는 'houkouon-chi'라는 가명을 쓴 컴퓨터 과학자가 소수점 이하 13조 3천억 자리까지 계산했다. 208일에 걸쳐 작업했다고 한다.

오답에서 정답으로

π, 알 수도 없고 만들어낼 수도 없는 수였다!

새로운 방법, 새로운 수식과 계산도구의 등장으로 π 값은 정밀해져갔다.

그렇지만 여전히 완벽하지 않다. 우리는 π에 무한히 접근해갈 뿐 다다르지 못했다. π의 역사는 원의 둘레와 지름 사이에 일정한 비가 있을 것이라는 직관에서 시작됐다. 그 직관은 맞았다. 그러나 그 탐구의 여정은 아직도 끝을 보지 못하고 있다.

π 값을 정확히 알아낼 수 있는가? π의 정체를 완전히 파헤칠 수 있을까? π의 역사를 보노라면 자연스럽게 이런 의문이 일어난다. 수학자들도 그렇게 생각했고 질문했다. π는 어떤 수인가? 이 질문은 π 값을 알아내려는 탐구와는 전혀 다른 질문이었다.

π는 유리수일까, 무리수일까? 만약 π가 유리수라면 우리는 π 값을 정확히 알아낼 수 있다. 무리수라면 반대로 정확한 값을 알 수 없다. 유리수인지 무리수인지 알 수 있는 좋은 방법은 그 수가 유한소수인지, 순환하는 무한소수인지, 순환하지 않는 무한소수인지 살펴보는 것이다. 유리수는 유한소수이거나 순환하는 무한소수이다. 무리수는 순환하지 않는 무한소수다. 대부분은 π가 무리수일 것으로 추측했다. 밝혀진 π 값이 순환하지 않는 무한소수였기 때문이다. 추측은 추측일 뿐이었다. π가 무한히 긴 수열을 주기로 하는 유리수일 수도 있지 않은가!

1761년에 독일의 수학자·천문학자 람베르트는 π가 무리수임을 보였다. π는 분수로 표현될 수 있는 유리수가 아니었다. 어떠한 규칙성도 없이 무한히 이어지는 순환하지 않는 무한소수였다. 무한히 다가갈 수 있을 뿐인 수였다. 오랜 탐구에도 불구하고 π 값을 확정하지 못한 건 당연한 결과였다.

π가 어떤 수인가에 대해 제기된 다른 질문도 있다. π가 대수적 수가 아닌 초월수인지를 물었다. 대수적 수란 정수를 계수로 하는 유한한 다항방정식의 근이 될 수 있는 수를 말한다. $x+2=0,\ 8x^7+5x^6-2x^3+4x-6=0$과

같은 방정식의 근이 되는 수인데 복소수까지를 포함한다. 초월수는 이런 방정식으로 표현되는 않는 수이다. 대수적 조작을 통해 만들어낼 수 없는 수다. 아주 예외적인 수만이 초월수에 해당한다.

π가 초월수이다! 1882년 독일의 수학자 린데만이 제시한 증명이다. 초월수, 이름만으로도 신비하지 않은가? 우리가 아는 대부분의 유리수나 무리수는 대수적 수에 속한다. 특이한 수로 여겨지는 허수나 복소수도 대수적 수다. 그러나 π는 이런 수와는 다른 세계에 속하는 존재였다. 일상적인 수들을 초월해 있다. 수식을 가지고 기계적으로 만들어내거나 찾을 수 있는 수가 아니다. 노력한다고 찾을 수 있는 수가 아니다. 혜성처럼 번뜩이며 갑작스럽게 등장한 수다.

원주율 π는 무리수이자, 초월수였다. 이러나 저러나 다가가고 포착하기 어려운, 접근 불가능한 수였다. 수천 년의 역사에도 불구하고 π 이야기가 끝나지 않은 이유가 있었다. 잡을 수 없는 수를 잡고자 했으니 길어질 수밖에 없었다. 인류가 그런 수를 찾아내고, 추적해왔다는 데에 박수를 보낼 만하다.

π 연구는 끝나지 않았다!

π에 대해 모든 걸 모르는 건 아니다. 오랜 탐구를 통해 밝혀진 것들도 있다. 1995년에는 π의 특정 자리를 알 수 있는 알고리즘이 발견됐다. 신기하지 않은가! 규칙도 없는 수인데, 특정 자리 수의 값이 뭔지는 알 수 있다니! 생각하는 인간의 능력이 참으로 대단하다. BBP(Bailey-Borwein-Plouffe) 알고리즘인데, 공동 연구자 이름의 앞 글자를 땄다. 16진법을 기반으로 한 이 방법은 그 이전 자리 수를 계산하지 않고 n번째 자리 수를 바로 알아낸다.

$$\pi = \sum_{k=0}^{\infty} \frac{1}{16^k}\left(\frac{4}{8k+1} - \frac{2}{8k+4} - \frac{1}{8k+5} - \frac{1}{8k+6}\right)$$

현대에 들어 π를 달리 말하기도 한다. 곡면에 따라 원둘레와 지름의 비가 달라진다는 사실 때문이다. 원주율 값이 언제나 일정한 게 아니다. 평면에서 원둘레는 $2\pi r$이다. 이때의 π는 근사값 3.14이다. 그러나 구처럼 볼록한 면에서 원둘레는 $2\pi r$보다 작고, 오목한 면에서는 $2\pi r$보다 크다. 원주율의 값은 면에 따라 다르다. π는 평면에서의 원주율 값이다. 그래서 π를 원주율이 아닌 다른 값으로 다시 정의한다. 그래프 $x^2+y^2=1$의 윗부분 길이라거나, $\cos x$의 값이 0이 되게 하는 첫 양수의 두 배라고도 한다.

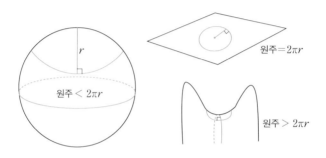

π는 인류가 처음으로 발견한 초월수다.(초월수로 증명된 첫 번째 수는 e였다.) 오래 전부터 등장한 π 값들은 정확하지 않다는 의미에서 오답과 오류였다. 그래도 그 오답을 징검다리 삼아 π 이야기는 풍성해졌다. 수많은 사건과 이야기를 만들어내며 하나의 세계를 창조했다. 그 세계는 여전히 팽창 중이다.

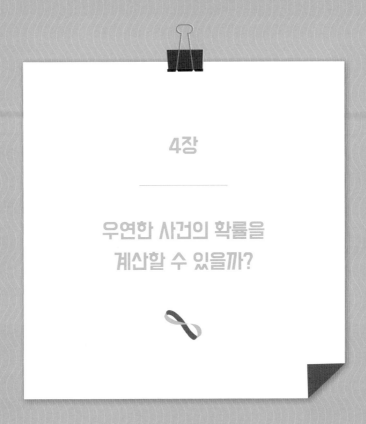

4장

우연한 사건의 확률을
계산할 수 있을까?

확률(確率, probability)은 확실한 정도의 비율이다. 어떤 사건이 얼마나 확실하게 일어날 것인가를 숫자로 나타낸다. 확률이 다루는 대상은 우연 또는 불확실성이다. 우연을 예측하고 계산한다. 우연을 계산한다는 게 말이 되는가? 알 수 없어 우연이라고 하는데 그걸 어찌 계산한단 말인가! 확률에서는 무엇보다 우연에 대한 인간의 이런 직관을 극복해야 했다. 정확한 확률의 개념, 계산 방법을 정립하기까지 오류가 많았다.

① 1400년대의 시 〈주사위의 확률〉

주사위 세 개를 굴릴 때 나오는 경우의 수를 56가지로 보고, 각 경우에 해당하는 예언을 시구로 적어놓았다.

② 1613~1623년, 갈릴레오 갈릴레이

세 개의 주사위를 동시에 던졌을 때, 눈의 합이 9와 10이 되는 경우의 수는 6가지로 같다. 그런데 실제로 해보면 10이 더 자주 나타나는 것처럼 보이는 이유는 무엇인가? ⋯▶『주사위 놀이에 대한 소고』

③ 1494년, 루카 파치올리

실력이 비슷한 두 팀이 시합을 한다. 상금은 10듀카트이고, 먼저 60점을 얻으면 승리하여 상금을 가져간다. 한 팀의 점수가 50이고, 다른 팀의 점수가 20인 상황에서 더 이상 게임을 진행할 수 없게 됐다. 이때 상금을 공정하게 분배하는 방법은 그때까지의 점수를 반영하는 것이다. 점수가 50:20이므로 상금을 5:2로 나눠 가져가면 된다. ⋯▶『산술, 기하, 비율 및 비례 총람』

④ 17세기, 도박사 드메레가 페르마에게

실력이 비슷한 사람 둘이서 세 번 이기면 승리하는 게임을 했다. 상금은 64피스톨이었다. A가 두 번, B가 한 번 이긴 상황에서 게임을 그만둬야 했다. 상금을 어떻게 분배해야 공정하다고 말할 수 있을까?

❺ 18세기, 달랑베르

두 개의 동전을 던졌을 때 앞면이 적어도 하나 이상 나올 확률은 $\frac{2}{3}$ 이다.

❻ 1990년, 미국 텔레비전 게임쇼 〈Let's Make a Deal〉

세 개의 문 중에서 하나를 선택하는 게임을 한다. 하나의 문 뒤에는 자동차가 있고, 나머지 문 뒤에는 염소가 있다. 출연자가 문 하나를 선택하면, 문 뒤에 무엇이 있는지 알고 있는 진행자가 선택되지 않은 문 중에서 염소가 있는 문을 열어 보여준다. 그리고 출연자에게 '선택한 문을 바꾸시겠습니까?'라고 묻는다. 출연자는 바꾸는 게 좋을까? 세계 최고 IQ 기록보유자이기도 했던 메릴린 새번트는 바꾸는 게 좋다고 했다. 수학교수를 포함해 거의 1000명에 이르는 박사들이 편지를 보내 메릴린이 틀렸다고 말했다. 20세기 가장 유명한 수학자 중 한 명인 팔 에르되시도 틀렸다고 답했다. 미국인의 92%가 메릴린이 틀렸다고 했다.

❼ 1998년, 『확률의 함정』

1000명 중 한 명이 감염되는 전염병이 있다. 의사들은 검사법을 개발했는데, 신뢰도가 95%이다. 겉으로 아무런 증상을 보이지 않는 한 사람에게 이 검사를 실시했더니 전염병이 걸렸다는 양성판정이 나왔다. 실제 이 사람이 병에 걸렸을 확률은 몇 %일까? 어느 일류 의과대학의 의사, 레지던트, 의대 4학년 학생들에게 이 질문을 했다. 응답자들 중 거의 절반이 95%라고 대답했다. 올바른 대답을 한 사람은 18%에 불과했다.[*]

---

[*] 데보라 J. 베넷, 『확률의 함정』, 박병철 옮김, 영림카디널, 2003, 13쪽.

수학자도 틀리는 수학 문제

용하다는 점쟁이도 사람의 앞날을 예측하는 건 어렵다. 온갖 노력을 하는 경제학자도, 주식투자가들도, 스포츠도박사들도 앞날을 예측하는 데 번번이 실패한다. 확률에 있어서 인간은 무력하다. 우연과 불확실성 앞에서 실패를 거듭해왔다. 그래도 인간은 포기하지 않고 세상을 이해하려고 했다. 세상에서 일어나는 일의 경우의 수를 잘 따지고, 확률을 제대로 계산하려 했다. ❶에서 ❼은 그 과정에서 다뤘던 중요한 문제들이다. 이런 문제를 푸는 과정에서 우리는 우연을 둘러싼 인간의 직관이 얼마나 오점투성이인지 알게 됐다. 직관의 오류를 벗겨내며 우연의 진실에 다가섰던 역사를 살펴보자.

주사위 세 개를 던졌을 때 나올 수 있는 경우의 수는 몇 개일까? ❶에서 1400년대에 쓰여진 시는 56가지라고 답했다. 성스럽고 경건하기만 할 것 같은 중세기독교시대에 주사위의 경우의 수를 다룬 시가 있었다니 다소 의외다. 하지도 않은 게임을 글감으로 택했을 리는 없을 터. 시의 소재로 사용될 정도로 주사위 놀이가 인기를 끌었던 걸까? 사실 주사위 세 개로 진행하는 게임은 로마시대부터 일반인들 사이에서 유행했다. 그만큼 주사위를 많이 던지고 다뤄봤을 테니 주사위에 대한 지식도 축적되어 있었으리라.

주사위 하나를 던지면 나오는 경우의 수는 6이다. 1부터 6까지. 주사위 두 개를 던지면 경우의 수는 더 많아진다. 첫 번째 주사위에서 나올 경우의 수는 6가지, 각 경우마다 두 번째 주사위가 나올 경우 또한 6가지다. 첫 번째 주사위가 1일 때 두 번째 주사위가 1부터 6까지 나올 수 있다. (1, 1), (1,

2), $(1, 3), (1, 4), (1, 5), (1, 6)$. 총 경우의 수는 $6 \times 6, 36$가지가 된다.

주사위 세 개를 던지면 어떻게 될까? 주사위 각각은 다른 주사위의 영향을 전혀 받지 않는다. A 주사위가 1이 나왔다고 해서 B 주사위가 1이 안나오거나 1이 반드시 나오지는 않는다. 각 주사위는 6가지 경우의 수로 나타난다. 고로 주사위 세 개를 던지면 $6 \times 6 \times 6, 216$가지의 경우가 나온다. $(1, 1, 1), (1, 1, 2), (1, 1, 3), \cdots, (6, 6, 5), (6, 6, 6)$.

❶의 답 56은 틀렸다. 216에 비해서 상당히 적은 값이다. 어디서, 무엇을 잘못 계산할 걸까? 답이 적게 나온 걸 보면 경우의 수를 꼼꼼히 따지지 않았다.

❷도 경우의 수와 관련된 문제다. 도박 좀 하며 놀아본 사람이 갈릴레오 갈릴레이에게 던진 질문이다. 그분, 단순한 도박사가 아니라 꽤나 똑똑한 인물이었다. 경우의 수에 대해 구체적으로 왈가왈부했다. "주사위 합이 9나 10이 나오는 경우의 수는 6가지로 같다. 그런데 직접 경험해본 바로는 9보다는 10이 더 자주 나오는 것 같다. 왜 그런가?"

세 주사위의 합이 9와 10이 되는 경우의 수가 6가지로 같다는 말부터 이해하자. 합이 9가 나올 경우를 생각해보자. 각 주사위는 1부터 6까지의 값을 갖는다. 이 문제는 1부터 6까지의 자연수 세 개를 더해서 9가 나오는 경우와 같다. 그런 경우는 6가지다.

$$9 = 1 + 2 + 6 = 2 + 2 + 5 = 3 + 1 + 5 = 3 + 2 + 4 = 3 + 3 + 3 = 4 + 1 + 4$$

합이 10이 되는 경우도 따져보면 6가지다.

$$10 = 1 + 3 + 6 = 1 + 4 + 5 = 2 + 2 + 6 = 2 + 3 + 5 = 2 + 4 + 4 = 3 + 3 + 4$$

주사위의 합이 9가 되는 경우와 10이 되는 경우는 6가지로 모두 같다.

주사위의 합이 9가 되는 경우:

$(1, 2, 6), (2, 2, 5), (3, 1, 5), (3, 2, 4), (3, 3, 3), (4, 1, 4)$

주사위의 합이 10이 되는 경우:

$(1, 3, 6), (1, 4, 5), (2, 2, 6), (2, 3, 5), (2, 4, 4), (3, 3, 4)$

갈릴레이는 이 질문을 받고 경우의 수에 대해 탐구한 결과 아주 훌륭한 답을 일러줬다. 질문자의 경험적 직관이 맞다고, 10이 나올 확률이 9가 나올 확률보다 높다고 했다. 10이나 9가 나올 경우의 수가 6가지로 같다는 생각은 당대에 일반적이었다. 그만큼 확률을 제대로 알지 못했다. 그러나 갈릴레이는 이런 일반적인 생각에 어떤 오류가 있는지를 정확하게 지적해줬다.

❸은 판돈의 분배문제다. 상금이 걸린 게임을 중간에 그만둬야 할 때 공평하게 분배하는 방법을 묻는다. 회계학의 아버지로 불리는 르네상스 시대 이탈리아 수도사, 루카 파치올리의 해법은 특별한 게 아니다. 그때까지의 성적이나 결과에 따라 나누자는 것으로 일반인들도 많이 떠올리는 아이디어다. 파치올리의 아이디어, 맞았을까 틀렸을까? 다른 수학문제처럼 딱 부러진 정답이 가능할까? 이런 판돈 분배문제는 확률의 탄생에 많은 기여를 했다.

❹는 ❸과 비슷한 문제다. 16~17세기 서양에서 확률 이론이 만들어지는 계기가 된 문제였다. 17세기를 대표하는 파스칼과 페르마가 함께 이 문제에 뛰어들었다. 그들이 제시한 해법은 각각 달랐다. 그 과정에서 확률의 올

바른 개념이 정립됐다. 결론이 어떻게 났는지는 뒤에서 다시 보자.

❺는 18세기의 저명한 프랑스 수학자인 달랑베르가 확률에 대해서 답을 잘못 제시한 경우다. 그는 아주 단순한 확률문제를 틀렸다. 동전을 던지면 앞면 또는 뒷면이 나온다. (눕지 않고 서는 경우는 제외하자.) 두 개를 던졌을 때 나올 수 있는 경우는 (앞, 앞), (앞, 뒤), (뒤, 앞), (뒤, 뒤)이다. 적어도 앞면이 하나 나오는 경우는 3가지이므로 확률은 $\frac{3}{4}$ 이다. 그런데 달랑베르는 $\frac{2}{3}$ 라고 했다.

왜 이런 답을 도출했을까? 그는 고대인들이 흔히 저질렀던 오류를 범했다. (앞, 뒤), (뒤, 앞)을 동일한 하나의 경우로 봤다. 두 경우를 하나로 보면 전체 경우의 수는 3, 앞면이 하나 이상 나오는 경우는 2이다. 확률로 표현하면 $\frac{2}{3}$ 이다. 경우의 수를 따지는 일은 쉽지 않다. 헷갈리고 어려운 일이다.

❻과 ❼은 사람들이 얼마나 확률 계산을 잘 못하는지, 틀리는지를 보여주는 대표적 사례다. 직관이나 경험에 근거한 확률 계산은 곧잘 말썽을 일으킨다.

❻은 1990년 미국에서 뜨거운 논쟁이 붙었던 몬티홀 문제다. 이 경우 대부분의 사람들은 참가자가 처음 선택한 문을 바꾸나 바꾸지 않으나 자동차를 탈 확률은 같다고 했다. 둘 중 한 곳에 자동차가 있으니 확률은 반반이다. 옮긴다고 확률이 더 높아질 리가 없다. 수학자들마저 이렇게 생각하고, 옮기는 게 더 이득이라 주장한 사람들을 향해 틀렸다고 비난했다. '에르되시 넘버'로 유명한 기인 수학자 에르되시도 틀린 답에 동조했다. 그러나 결론은 예상과 다르게 옮기는 게 더 낫다는 것이었다.

❼은 우리 일상에서 겪는 문제다. 공부를 잘하고, 많이 한다는 의대생이나 의사들을 대상으로 한 설문결과는 충격적이다. 제대로 답변한 사람이 18%에 불과했다. 나머지는 틀렸다. 신뢰도 95%라는 말만 믿고 결과를 곧이곧대로 해석했다. 95% 신뢰도란 것에 압도되어 검사 결과를 거의 그대로 믿었다. 그러나 이 검사에서 병에 걸린 것으로 진단된 사람이 실제로 그 병에 걸렸을 확률은 2% 정도밖에 되지 않는다. 병에 걸렸다고 확신하고 두려움에 떨 만큼의 확률은 전혀 아니다.

오답 속 아이디어

우연, '다룰 수 없다'에서 '다룰 수 있다'로!

확률이 이론적으로 자리잡은 것은 17세기경이다. 주사위나 우연을 고대부터 다루기 시작했다는 점을 감안하면 상당히 늦은 편이다. 수나 도형, 방정식과 같은 분야에 비하면 매우 뒤떨어졌다. 이렇게 늦어진 데는 이유가있다. 우연이나 불확실성을 보는 관점 때문이었다.

고대문명의 사람들도 우연을 모르지는 않았다. 우연을 상징하는 주사위는 4~5천 년 전부터 사용되었다. 그들은 동물의 뼈나 흙, 유리, 자갈 등으로 주사위를 만들어 썼다. 우연, 무작위를 활용하여 놀기도 했고, 점을 치고 신의 뜻을 묻기도 했다. 주사위란 어떤 의도나 개입이 철저히 배제된 상태에서 일어난 우연적 사건이었다. 자연의 법칙을 초월해 있는 현상이었다.

그 결과 고대인은 우연을 학문적으로 다루지 않았다. 학문이라 하면 확실한 것을 다루는 법인데, 우연이나 불확실성을 수학적 대상으로 삼는다는

고대의 주사위들

건 적절해 보이지 않았다. 플라톤의 작품에서 이런 생각을 엿볼 수 있다. 플라톤은 『파이돈』에서 확률이 기만적이기 쉽다고 했다. 확률에서 시작되는 주장은 사기라고까지 언급했다.* 우연은 인간의 범위를 넘어서는 대상이었다. 신의 뜻을 묻기 위한 방법으로 주사위가 동원된 것도 그런 맥락이다. 우연에 대해 이러쿵저러쿵 논한다는 건 부적절해 보였다.

우연을 계산하기 시작하다

근대에 이르러 우연에 대한 입장은 달라지기 시작했다. 1400년경 기록인 ❶은 주사위 세 개를 던졌을 때 경우의 수를 56이라고 했다. 실제 경우의 수는 56이 아닌 216이다. 이 오답의 원인은 겉으로 보이는 경우의 수와

---

* 레오나르드 믈로디노프, 『춤추는 술고래의 수학 이야기』, 이덕환 옮김, 까치, 2009, 45쪽.

실제 경우의 수를 구분하지 못해서였다. 단순하고 쉬워 보이는데 그걸 풀어내지 못했다. 그러나 56이라는 오답에는 그 이전과는 달라진, 새로운 사고가 전제되어 있었다.

56. 답은 틀리긴 했지만 이 오답 속에는 우연을 다뤄보겠다는 의지만큼은 확실히 엿보인다. 우연을 길들이기 시작했다. 하나하나의 사건을 예측할 수 없지만, 그 사건이 발생할 수 있는 범위를 정하고 따졌다. 우연을 포착할 수 있는 대상으로 상정하고 접근하기 시작했다는 것은 놀라운 변화다. 확률이 발전할 수 있는 토대가 형성되었다. 그러나 그 후에도 확률의 발전은 서서히 이루어진다.

확률의 개념이 정립되어가다

주사위 세 개를 던지는 사건은 주사위 한 개를 던지는 사건에 비해서 복잡하다. 56이라는 오답은 복잡한 사건을 정확하게 쪼개서 구분하지 못했기 때문에 발생했다. 그러나 주사위 세 개를 던지는 사건은 주사위 하나를 세 번 던지는 사건과 같다. 주사위 세 개라는 복잡해 보이는 사건은 주사위 한 개의 단순한 사건을 세 번 반복 시행하는 사건에 불과하다. 이 관계와 해법을 터득하지 못한 탓에 56이라는 오답이 나왔다.

주사위 세 개를 던지는 사건 = 주사위 한 개를 세 번 던지는 사건
복잡한 사건 ➔ 단순 사건의 조합

세상을 바꾼 위대한 오답

56이라는 오답을 제대로 수정한 사람은 16세기 르네상스기 이탈리아에서 활동한 수학자 카르다노였다. 그는 주사위 세 개를 던졌을 때 나오는 경우의 수가 216가지라는 사실을 정확하게 밝혔다. 6가지 경우의 수를 가진 주사위를 세 번 던지는 것이므로 경우의 수는 $6 \times 6 \times 6 = 216$이다. 점성술사이자 의사, 학자였던 카르다노는 『게임의 확률이론』이란 책에 그의 연구 성과를 적어놓았다. 이 책은 우연과 불확실성을 학문적으로 이해하려고 노력한 인류의 첫 성과물이었다. 이 책에서는 주로 동전 던지기나 카드게임처럼 어떤 결과들이 나올 가능성 같은 것을 다뤘다.

카르다노는 확률의 개념에 근접하는 아이디어를 내놓았다. 그는 '원하는 결과를 얻을 확률이 원하는 결과가 차지하는 비율과 같다'고 했다. 모든 가능한 결과에 대한 비율로 확률을 이야기했다. 우연적인 사건들이 수로 표현될 수 있는 길을 터준 셈이다. 그 주장대로 확률을 다루려면 가능한 결과와 원하는 결과의 경우를 꼼꼼하게 파악해야 했다. 그래야 확률을 비율로 표현할 수 있었다. 그 결과로써 그는 216가지라는 정답을 구해냈다.

카르다노는 확률의 개념에 관한 또 한 가지 공헌을 했다. 현실에서는 확률대로 사건이 일어나지 않는 경우가 많다. 동전을 던졌을 때 같은 면이 연달아 나오기도 하고, 같은 번호의 복권이 약간의 시간 간격을 두고 당첨되기도 하고, 특정 숫자가 한동안 복권당첨번호에서 안 나오는 경우가 있다. 확률적으로 보면 각 경우가 골고루 나와야 하지만 실제로는 치우치거나 아예 안 일어나기도 한다. 주사위에서 1이 나올 확률이 $\frac{1}{6}$이라고 해서 여섯 번 중 한 번 꼭 1이 나오지는 않는다. 더 나오기도 하고, 안 나오기도 한다. 이렇게만 보면 이론이 쓸모없어 보인다. 이 차이를 그는 적절하게 해석하며 이론적 탐구가 의미 있다는 근거를 제시했다.

카르다노는 '시행횟수가 많아지면 이론적 확률과 경험적 통계가 비슷해진다'고 했다. 동전을 많이 던지면 앞면이 나오는 횟수는 이론대로 절반이 된다는 거다. 현대적인 용어로 '대수(大數)의 법칙'이다. 동전이나 주사위 던지기를 많이 시행할수록 경험적 통계는 이론적 확률에 가까워진다. 주사위에서 각 눈이 나올 확률은 $\frac{1}{6}$이라는 이론적 확률에 근접해진다. 이론적 확률이 틀리거나 문제가 있는 게 아니다. 확률에서 벗어난 것처럼 보이는 특별한 일들이 일어난다고 해서 확률이 틀렸다고 말할 수 없다. 시행횟수를 늘리면 실제는 이론에 가까워진다. 확률을 다루는 데 획기적인 진전이었다.

갈릴레이에게 질문을 던진 주인공은 카르다노가 언급한 대수의 법칙을 온몸으로 체득한 사람이었다. 수많은 통계를 통해서 기존 지식에 의문을 품은 사람이었다. 그는 주사위 세 개를 던지는 게임에서 합이 9가 되는 경우와 10이 되는 경우의 확률이 같다고 알고 있었다. 그런데 그가 여러 차례 시도해보니 10이 더 자주 나오는 것 같아 갈릴레이에게 물었다. 갈릴레이는 이 질문을 무시할 수 없었다. 질문자가 그의 강력한 후원자인 대공이었다. 어쩔 수 없이 그는 이 문제를 다뤘고, 그 결과 틀린 기존 지식을 올바르게 알려줬다.

갈릴레이가 밝힌 것은 겉보기 경우의 수와 실제 경우의 수가 다르다는 것이었다. 그는 순서를 고려했다. 1, 2, 6이 나와서 합이 9가 되는 경우를 생각해보자. (1, 2, 6)의 경우와 (2, 1, 6)의 경우가 같은가 다른가? 결과만 보면 같다. 그러나 1이 먼저 나오는 경우와 두 번째 나오는 경우는 다르다. 합이 9로 결과는 같지만 경로가 다르다. 이렇게 다른 경로를 고려한다면 경우

세상을 바꾼 위대한 오답

합이 9인 경우: 총 25가지

1, 2, 6 → (1, 2, 6), (1, 6, 2), (2, 1, 6), (2, 6, 1), (6, 1, 2), (6, 2, 1)

2, 2, 5 → (2, 2, 5), (2, 5, 2), (5, 2, 2)

3, 1, 5 → (3, 1, 5), (3, 5, 1), (1, 3, 5), (1, 5, 3), (5, 1, 3), (5, 3, 1)

3, 2, 4 → (3, 2, 4), (3, 4, 2), (2, 3, 4), (2, 4, 3), (4, 2, 3), (4, 3, 2)

3, 3, 3 → (3, 3, 3)

4, 1, 4 → (4, 1, 4), (4, 4, 1), (1, 4, 4)

합이 10인 경우: 총 27가지

1, 3, 6 → (1, 3, 6), (1, 6, 3), (3, 1, 6), (3, 6, 1), (6, 1, 3), (6, 3, 1)

1, 4, 5 → (1, 4, 5), (1, 5, 4), (4, 1, 5), (4, 5, 1), (5, 1, 4), (5, 4, 1)

2, 2, 6 → (2, 2, 6), (2, 6, 2), (6, 2, 2)

2, 3, 5 → (2, 3, 5), (2, 5, 3), (3, 2, 5), (3, 5, 2), (5, 3, 2), (5, 2, 3)

2, 4, 4 → (2, 4, 4), (4, 2, 4), (4, 4, 2)

3, 3, 4 → (3, 3, 4), (3, 4, 3), (4, 3, 3)

의 수 계산은 달라져야 한다. 갈릴레이는 순서를 고려해 합이 9가 되는 경우가 25가지, 10이 되는 경우가 27가지라고 했다. 대공의 경험도, 대공의 의문도, 갈릴레이의 분석도 모두 옳았다.

갈릴레이는 사건이 발생하게 되는 경우를 좀 더 꼼꼼하게 따졌다. 결과만을 본 것이 아니라 과정과 순서를 고려했다. 주사위 세 개를 주사위 한 개의 세 번 시행으로 바꿔서 생각해 10의 확률이 9보다 조금 더 높다는 걸 규명했다. 미세한 차이를 수학적으로 밝히며, 질문자의 고민을 멋지게 해결했다. 그러나 그는 확률에 대해 더 깊게 탐구하지 않았다. 특정 경우의 문제만을 다뤘지, 시행횟수가 더 많다거나 복잡한 사건의 확률을 계산할 수 있는 일반적인 방법을 연구하지 않았다. 자신이 관심을 쏟은 문제가 아니라 어쩔 수 없이 연구하게 된 탓이 아니었을까!

카르다노나 갈릴레이에 의해 경우의 수나 확률의 개념은 상당한 진전을 이뤘다. 그들은 이론적 탐구의 토대를 마련했다. 그러나 그들도 ❸의 상금 분배문제를 다루지는 않았다. ❸을 기록한 파치올리가 두 사람보다 더 이전 사람이었음에도 불구하고 이 문제에 대해 옳다, 그르다는 언급은 없었다. 그들이 가졌던 확률 개념이라면 충분히 해결할 수 있었을 법한 문제임에도 다루지 않았다.

판돈 분배문제에는 정답이 정해져 있지 않았다. 해법을 정립해가야 할 문제였다. 파치올리가 제시한 해법이 맞는지, 틀린지를 판단할 수 없었다. 게임 결과에 따라 상금을 분배한다는 해법은 상당히 그럴싸해 보인다. 무턱대고 나누는 게 아닌 합리적인 방법이라 할 만하다. 그러나 파치올리의 해법은 공평하지 않은 것으로 훗날 결론 난다. 그때까지의 성적만으로 분배하는 건 확률에 따른 분배라고 할 수 없다. 미래의 가능성을 따지는 게 아니라 과거의 결과를 따지는 것에 불과했다. 이런 의문을 갖고, 파치올리 식의 해법에 문제를 제기한 사람이 있었다. 그 역시 도박사였다.

오답에서 정답으로

사건에 맞게 경우를 따지고 확률을 계산하다

드메레는 부자가 되려는 꿈을 안고 도박에 참여한 열정적인 도박사였다. 목표를 이루기 위해 도박을 연구하며 확률에도 관심을 보였다. 그런 그가

세상을 바꾼 위대한 오답

궁금해했던 게 상금 분배문제였다. 관심은 있었지만, 그에게는 이 문제를 제대로 다룰 능력이 부족했다. 그래서 택한 방법이 그걸 풀 만한 자에게 질문하는 것이었다! 다행스럽게 그는 뛰어난 수학자인 파스칼을 알고 있었다. 파스칼에게 이 문제를 풀어달라고 편지를 보냈다.

파스칼은 드메레의 질문을 받고 생각해봤다. 드메레는, 결과를 고려하되 이길 가능성을 가지고 상금을 분배해야 한다며 그의 소박한 의견을 제시했다. 상금 분배문제의 해법이 아직 없던 터라 파스칼은 다른 누군가와 의견을 주고받기를 원했다. 파스칼은 또 한 명의 뛰어난 수학자인 페르마와 편지를 왕래하며 의견을 나눴다. 그러면서 확률 이론이 만들어졌다.

파스칼이 받은 질문은 파치올리가 다룬 문제 ❸과 약간 달랐다. 실력이 비슷한 사람 둘이서 세 번 이기면 승리하는 게임을 했다. 상금은 64피스톨이었다. A가 두 번, B가 한 번 이긴 상황에서 게임을 그만둬야 했다. 파치올리 식의 해법이라면 상금은 2:1로 분배해야 했다. 그러나 파스칼과 페르마의 결론은 2:1이 아니었다.

파스칼은 게임을 계속한다고 가정한 후 상황 변화를 살피며 따져봤다.

파스칼의 해법

네 번째 게임을 할 경우 A나 B가 이길 가능성은 반반이다. A가 이기면 결과는 3:1이 되어 A가 승리하며 판돈 64피스톨을 모두 가져간다. B가 이길 경우 결과는 2:2로 같다. 이때는 판돈을 절반씩 나눠 가지면 된다. A는 최소한 32피스톨을 확보한다.

A가 기대할 수 있는 상금은 더 있다. B의 승리로 동점이 된 상황이기에 A가 이미 확보하고 남은 돈 32피스톨에서 그는 절반을 더 받아야 한다. 16피스톨씩 A, B가 받아야 공평하다. 결과적으로 A는 48피스톨(32＋16)을, B는 16피스톨을 받으면 된다.

그 결과 그는 A에게 48피스톨을, B에게 16피스톨을 분배해야 한다고 결론 내렸다. 3:1로 상금을 분배하자는 것이었다. 게임을 계속할 경우 승자가 될 가능성이 3:1이라고 판단했기 때문이다.

페르마의 해법은 파스칼과 달랐다. 그는 게임이 종료되려면 최대 두 번을 더 해야 한다면서 가능한 경우의 수를 따져봤다. 각 경우 누가 이기게 되는지를 결정해 A, B가 승리하게 될 횟수를 헤아렸다. 그 결과는 A가 3, B가 1이었다. A가 승리할 확률이 B의 확률보다 세 배 높았다.

페르마의 해법

게임을 두 번 더 한다고 가정하자. 승패가 확실하게 결정되려면 최대 두 번을 더 해야 하기 때문이다. A, B가 이길 확률이 같으므로 네 번째와 다섯 번째 게임에서 나올 수 있는 경기 결과는 총 네 가지다.

네 번째 게임 승리	다섯 번째 게임 승리	
A	A	→ A 승리
A	B	→ A 승리
B	A	→ A 승리
B	B	→ B 승리

가능한 경우는 총 넷, 그중 A가 승리할 경우는 셋, B가 승리할 경우는 하나이다. A가 승리할 확률은 $0.75\left(=\frac{3}{4}\right)$, B가 승리할 확률은 $0.25\left(=\frac{1}{4}\right)$이다.

파스칼과 페르마의 해법은 조금 달랐지만, 결과는 동일했다. 확률적으로 A의 승리 가능성은 B의 승리 가능성의 세 배였다. 고로 상금도 확률에 맞게 3:1로 분배해야 한다는 게 그들의 결론이었다. 이 결과와 비교해보면

2:1을 제안했던 파치올리 식의 해법은 패자에게 더 관대했다.

　파스칼과 페르마 사이의 서신은 확률 이론을 탄생시킨 계기로 유명하다. 확률의 개념과 계산법이 다듬어졌다. 특히 이 과정에서 경우의 수를 잘 계산할 수 있는 방법이 제시됐다. 페르마의 해법을 본 파스칼은 시행횟수가 더 많을 때 유용한 방법을 고안했다. 파스칼의 삼각형으로 알려진 이항정리다. 파스칼의 삼각형을 이용하면 동전을 100번 던졌을 때 앞면이 67번 나오는 경우의 수가 얼마인지 쉽게 구할 수 있다. 확률의 계산도 덩달아 쉬워진다.

사건과 사건이 연결되어 있는 경우의 확률

　17세기에 확률 이론은 정립되어갔으나 확률은 그리 간단한 분야가 아니었다. 사건에 따라 확률의 계산법이 달라야 한다는 사실이 밝혀지면서 확률은 발전한다. 대표적인 게 조건부 확률이다. 이 확률은 사건과 사건이 연관되어 있어 두 사건을 고려하여 계산해야 한다. 동전 던지기처럼 앞 사건과 무관하게 발생하는 사건과 달리 계산해야 한다. 이 확률이 얼마나 어려운 것인지를 잘 보여주는 사례가 ❻ 몬티홀 문제였다.

　몬티홀 문제는 실제 있었던 유명한 사건이었다. 대부분의 사람들이 마지막에 선택을 바꾸는 게 더 좋다는 메릴린의 답변을 받아들이지 못했다. 나름대로의 이유는 충분했다. 결국 두 문 중 하나에 자동차는 있으니 확률은 반반이라는 이유 때문이었다. 옮긴다고 확률이 더 높아질 턱이 없다. 이게 보통 사람들의 주장이었다.

　메릴린이 보통 사람들의 판단 근거를 모를 리 없다. 그럼에도 옮기는 게 좋다고 말한 데에는 우연한 사건에 대한 거시적인 안목이 있어서였다. 변수는 중간에 사회자가 문 하나를 열어준 행위였다. 이 행위가 확률에 영향을 미친다는 걸 그녀는 알아챘다.

참여자가 선택한 문을 바꾸지 않으면 사회자가 문을 열어준 행위는 결과에 아무런 영향을 미치지 않는다. 처음의 선택을 계속 유지했으니 당연하다. 참여자는 세 개의 문 중에서 하나를 고르는 게임을 한 셈이다. 성공 확률이 $\frac{1}{3}$인 게임을 했다. 사회자의 행위는 그 확률이 맞았는지의 여부를 확인하는 과정일 뿐이다.

선택을 바꾸면 어떤 변화가 생기는 걸까? 결정을 바꿀 경우 참여자는 세 개의 문 중에서 두 개를 선택하는 게임을 한 셈이 된다. 잘 생각해보시라. 한 개의 문을 선택하는 게임보다 두 개의 문을 선택하는 게임의 성공 확률이 높다는 건 모두 동의할 것이다. 마지막에 선택을 바꾸면 참여자는 사회자가 열어 보여준 그 문과 마지막에 옮기게 된 문 두 개를 선택한 것과 같다. 어떻게 고르더라도 두 개 중 하나는 반드시 자동차가 없는 문이다. 사회자가 열어준 문이 그 문이라고 생각하면 된다. 선택을 바꾼 행위는 셋 중에 하나를 고르는 게임에서 셋 중에 두 개를 고르는 게임으로 바꾼 지혜로운 행위였다. 셋 중에 두 개를 선택하였으니 확률은 $\frac{2}{3}$가 된다. 자동차를 얻을 확률이 두 배가 된다.

정답에 대한 해석을 듣고도 잘 이해가 안 되는 게 몬티홀 문제다. 이해가 안 된다면 실제로 해보시라. 모든 상황을 동일하게 설정한 후 실험해보라. 선택을 바꾸지 않는 경우와 바꾸는 경우 성공 확률을 경험적으로 계산해보면 된다. 대수의 법칙을 기억할 것이다. 많이 해볼수록 확실하게 알게 된다. 보통 사람들이 이해하기 힘든 문제여서인지 이 문제는 천재를 판가름할 수 있는 문제로 활용된다. MIT 대학생들이 도박단을 결성해 카지노를 상대

세상을 바꾼 위대한 오답

로 돈을 벌어들인 실화를 바탕으로 한 영화 〈21〉이 있다. 이 영화에서 도박단에 참여할 만한 학생을 발굴하는 데 이 문제가 활용된다.

조건부 확률은 사건과 사건이 독립적이지 않은 사건의 확률이다. 100명 중 한 명이 걸리는 전염병이 있다고 해보자. 어떤 사람이 이 병에 걸릴 확률은 그 병에 걸린 사람이 근처에 있느냐 없느냐에 따라 달라지지 않겠는가! 주머니에서 색깔 있는 공을 꺼낼 때 확인하고 다시 집어넣는 경우와 집어넣지 않는 경우에 특정 색깔의 공을 꺼낼 확률은 달라진다. 이게 다 조건부 확률이다. 사건 A가 발생했을 때 사건 B가 일어날 조건부 확률을 $P(B|A)$라고 한다. 만약 이 조건부 확률이 그냥 사건 B가 일어날 확률과 같다면, $P(B|A)=P(B)$라면, 사건 A와 사건 B는 독립사건이다.

조건부 확률은 확률이 사건과 사건을 관련시켜 보는 데까지 발전되었음을 알려준다. 하나의 사건만 바라보는 게 아니라 이 사건과 저 사건을 연결해서 보게 됐다. 관계를 확률에 포함시킨 것으로 확률의 범주가 그만큼 넓어졌다. 세상을 더 넓고, 깊게, 복잡하게 보게 됐다. 그만큼 현실에 더 가까이 다가간 것이다.

조건부 확률 중에서도 ❼과 같은 사례는 또 다른 경우다. 일단 ❼이 알려주는 사실이 놀랍지 않은가? 18%를 제외하고는 모두 틀렸다. 신뢰도 95%라는 수치에 압도되어 양성판정을 받은 사람에게 병에 감염된 게 확실하거나 그럴 가능성이 매우 높다고 말했을 것이다. 이 경우는 (양성판정이라는) 사후의 결과를 통해 (진짜 암에 걸렸을) 사전의 확률을 추측해내는 문제다. 하나의 조건부 확률로 다른 조건부 확률을 계산해낸다. 이런 경우의 확률을 다룬 게 베이즈의 정리다.

양성판정을 받은 사람이 진짜 감염자일 확률을 구해보자. 그 확률은 감염자라고 판정된 사람 중에서 진짜 감염자 수의 비율과 같다. (진짜 감염자 수)÷(감염자로 판정된 사람 수). 이렇게 계산해보면 대략 2%가 나온다. 양성판정을 받은 사람 중에서 2% 정도가 진짜 감염자다. 병에 걸렸다고 호들갑 떨 정도의 확률은 절대 아니다. 이런 결과는 아주 낮은 감염률 때문이다. 그 병에 걸릴 확률 자체가 극히 낮기에 검사의 신뢰도가 높다고 하더라도 진짜 감염됐을 확률이 낮다.

양성판정을 받은 사람이 진짜 감염자일 확률 P

$$P = (1000명 중 진짜 감염자 수) ÷ (1000명 중 양성판정 받은 사람 수)$$

- 진짜 감염자 수는 1명이다.
- 양성판정을 받은 사람 수는 두 가지 경우를 따져야 한다.
  - 진짜 감염자이고, 검사를 통해 양성판정을 받은 경우: 1명
  - 진짜 감염자가 아닌데, 검사를 통해 양성판정을 받은 경우: 50명(검사가 잘못되어 양성판정을 받은 사람 수, 5%)
- 확률 $P = \dfrac{1}{1+50} = \dfrac{1}{51} = 0.0196$ (약 2%)

우연과 필연의 세계

확률은 수많은 시행착오와 오답을 거치면서 정교하게 발전해왔다. 확률에 유독 오답이 많은 건 우리의 경험을 통한 직관이 이론적 확률과 다르기 때문이다. 그 결과 확률적 지식은 논리나 산술적 계산 능력에 비해 아주 서서히 발전했다. 수학자들마저 틀린 답을 우기고 주장하곤 했다. 그래서일

세상을 바꾼 위대한 오답

까? 어느 교수는 인간의 뇌가 확률을 연구하기에 적합하지 않다며 뇌를 탓하기도 했다. 수학퍼즐로 유명한 20세기 미국의 과학 저술가 마틴 가드너는 수학 전문가들이 확률처럼 실수를 저지르기 쉬운 분야는 없다며 분야를 탓하기도 했다.

확률의 발전과정에서 우리는 우연에 대한 규칙이나 패턴, 성질을 더 알게 됐다. 현대에 이르러 확률은 양자역학을 통해 세계관 자체에도 많은 변화를 가져다줬다. 절대적 지식이 아닌 확률적 지식이란 말도 회자된다. 오답과 오류를 거쳐 발전해온 확률, 이젠 세계를 바라보는 관점마저도 바꾸어가고 있다. 과학의 뼈대를 이루는 인과관계라는 관념마저 깨트려버린 듯하다. 하나의 원인에 하나의 결과만을 대응시킬 수 있어야 인과관계가 성립한다고 말한다면 확률은 인과관계를 깨트린 게 맞다. 그렇지만 확률적 지식을 인과관계의 확장으로 보는 게 더 타당하다. 인과관계의 경로가 하나만이 아니라 여러 가지로 다양해진 것이다. 그런 의미에서 확률은 우연과 불확실성을 필연과 확실성의 언어로 포획해버렸다. 인과관계의 영역을 그만큼 확장시켰다.

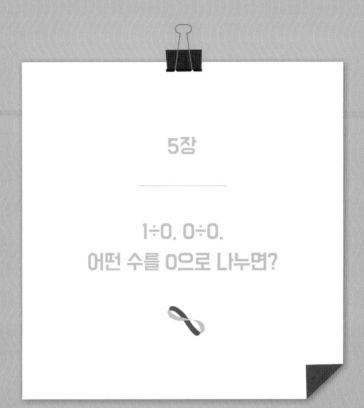

5장

1÷0, 0÷0,
어떤 수를 0으로 나누면?

나눗셈은 물건을 여러 사람에게 똑같이 나눠줄 때 사용된다. 15÷3은 15개를 세 사람에게 동등하게 나눠주는 것이다. 나눗셈은 다른 계산보다 어렵다. 나눠 떨어지지 않는 경우나 분수, 음수로 들어가면 더 어려워진다. 0의 나눗셈도 어려운 문제였다. 아무것도 없는 것을 나누고, 아무것도 없는 것으로 나눈다는 건 상상하기 어려웠다. 0이 어떤 수인지, 나눗셈이 어떤 연산인지에 대해 깊게 파고들어야만 했다.

1 7세기 인도, 브라마굽타

양수나 음수를 0으로 나누면 분모가 0인 분수$\left(\dfrac{n}{0}\right)$가 된다. 0을 양수나 음수로 나누면 분자가 0인 분수$\left(\dfrac{0}{n}\right)$가 된다. 0을 0으로 나누면 0이다.

2 830년 인도, 마하비라

어떤 수에 0을 곱하면 0이 되고, 어떤 수에서 0을 빼면 그대로 어떤 수다. 어떤 수를 0으로 나누면 변하지 않고 어떤 수 그대로다.

3 12세기 인도, 바스카라

어떤 수를 0으로 나누면 분모가 0인 분수가 된다. $3÷0=\dfrac{3}{0}$. 이 분수는 무한대이다. 무한대에 어떤 수를 더하거나 빼더라도, 무한대에는 아무런 변화가 없다. 많은 존재들이 만들어지고 사라지더라도, 무한하며 영원한 신의 세계에서 어떤 변화도 일어나지 않는 것과 같다. $0^2=0$, $\sqrt{0}=0$, $\dfrac{a}{0}\times0=a$이다.[*]

4 1655~1656년, 존 월리스

1÷0은 무한대이다. 음수에 대한 양수의 비 값이 무한대보다 크다. 월리스는 무한대 기호 ∞를 처음 사용했다.

$$\frac{1}{3}<\frac{1}{2}<\frac{1}{0}<\frac{1}{-1}$$

---

* 칼 B. 보이어 · 유타 C. 메르츠바흐, 『수학의 역사 · 상』, 양영오 옮김, 경문사, 2000, 361쪽.

⑤ 1744년, 뉴턴

$1 \div 0$에 대한 월리스의 입장을 지지하면서 $1 \div 0 = \infty$라고 했다. $n \div 0$의 몫을, 적분을 이용해 쌍곡선 아래의 무한의 면적으로 나타냈다.

⑥ 1716년, 존 크레이그

0은 무한소이어야만 한다. 0이 아무런 크기를 갖지 않는다면 0으로 나눌 수는 없다. 그러나 다른 한편에서 그는 음수로 된 분수가 무한대보다 크다고 주장하며 갈팡질팡했다.

⑦ 1734년, 버클리 주교 『해석자*Analyst*』

뉴턴과 라이프니츠가 발명한 미적분의 무한소 개념의 모호함을 비판했다. 0은 없는 수라며, 0으로 나눌 수는 없다고 했다.

⑧ 1864년, 윌리엄 월턴

0은 절대적인 무(無)이기에 0으로 나눌 때는 분모를 비워두어야 한다. $1 \div 0 = \dfrac{1}{}$

⑨ 1828년, 마르틴 옴

0은 같은 수를 뺄 때의 크기이다. $a - a = 0$. 나눗셈을 곱셈의 역으로 간주했다. 0으로 나눌 수는 없다.

$3 \div 0$의 값은 $\frac{3}{0}$?

0을 수로 받아들이고, 0과 관련된 계산을 다루기 시작한 곳은 인도였다. 일반적으로 서양에서 수란 보이고 존재하는 크기를 표현하는 것이었다. 수란 0보다 커야 했다. 서양에서 0은 근대 이후에나 다뤄지기 시작한다. 0을 포함한 계산 이야기는 인도에서 시작된다.

7세기 인도 수학자인 브라마굽타는 0의 계산문제를 처음 다뤘다. 그는 0이 어떻게 나오는지를 뺄셈으로 설명했다. 어떤 수에서 어떤 수를 빼면 0이 나온다. $a - a = 0$. 그는 양수나 음수에 0을 더하면 양수나 음수 그대로라고 했다. 양수나 음수에서 0을 빼도 마찬가지다. 0이 아무것도 없기에 0을 더하거나 빼도 어떤 수 그대로가 된다고 생각했다. 고로 0에 0을 더해도 0이 된다. 그는 0의 곱셈도 다뤘는데, 어떤 수에 0을 곱하면 0이 된다고 정확하게 이야기했다.

$$a + 0 = a, \ a - 0 = a, \ 0 + 0 = 0, \ a \times 0 = 0$$

브라마굽타는 나눗셈에서 많은 어려움을 겪었다. 그는 양수나 음수를 0으로 나누면 분모가 0인 분수가 된다고 했다. 3을 0으로 나눈다면 그 답은 $\frac{3}{0}$이 된다. $3 \div 0 = \frac{3}{0}$. 그러나 그는 분모가 0인, 희한하기 짝이 없는 이 분수의 크기가 얼마인지에 대해서는 언급하지 않았다. 그저 $\frac{3}{0}$이었다. 한편 그는 어떤 수가 0인 경우는 답이 0이라고 했다. 그는 $0 \div 0$이 $\frac{0}{0}$이고, $\frac{0}{0}$은 0이 된다고 생각했던 것 같다. $\frac{3}{0}$과는 달리 $\frac{0}{0}$에 대해서는 0이라고 크기를 제시했다. 아무것도 없는 크기를 0으로 나눈 것이기에 0이라고 생각한 듯하다. 이걸 보면 그가 $\frac{3}{0}$의 크기에 대해서는 자신이 없었던 것 같다.

$$3 \div 0 = \frac{3}{0}, \ \ 0 \div 0 = \frac{0}{0} = 0$$

브라마굽타의 해법은 상당히 그럴 듯하다. 이 해법이 어떻게 나왔는지 충분히 짐작할 수 있다. 그는 $3 \div 5$와 같은 나눗셈이 $\frac{3}{5}$과 같은 분수가 된다는 사실에 착안했다. 0으로 나누는 문제도 다른 수처럼 똑같이 풀어냈다. $3 \div 0 = \frac{3}{0}$. 그는 0을 다른 수들과 동등한 수로 받아들이고, 나눗셈을 0까지 확장하려 했다. 양수에서 사용되던 기존의 나눗셈을 동일하게 적용해서 답을 제시했다. 답의 형식은 제시했지만 그 답이 뭘 의미하는가를 설명하지 못했다.

0은 아무것도 없으니 3÷0=3이다

브라마굽타 이후 2세기 정도 흘러 인도의 수학자 마하비라는 0으로 나누는 문제를 다시 다뤘다. 브라마굽타와 달리 그는 우리가 이해 가능한 크기로 답을 제시했다. 그는 어떤 수를 0으로 나누면 그 몫이 어떤 수 그대로라고 했다. $3 \div 0 = 3$이란 뜻이다. 답으로 제시된 3을 우리는 이해할 수 있다. 이 해법이 맞기만 하다면 0의 나눗셈은 해결되는 셈이다.

$3 \div 0 = 3$이 맞는지 틀린지를 그 식 자체에서 판별하기는 어렵다. 이 문제에 대한 정답을 알고 있는 것도 아니고 판단할 기준이 있는 것도 아니다. 이 문제를 이제 막 다루기 시작했는데 무슨 근거로 정답인지 오답인지를 알 수 있겠는가! 그렇지만 이 해결책에 문제가 있다는 건 알 수 있다.

나눗셈에서 $3 \div 1$의 답은 무엇인가? 세 개를 한 사람에게 나눠주니 답은 3이다. 이건 확실하다. 그런데 이렇게 되면 문제가 발생한다. 3을 0으로 나뉘도 3이고, 1로 나눠도 3이 된다. 3÷0=3이라는 식의 정당성을 주장하려면 마하비라는 3을 0으로 나누나 1로 나누나 그 답이 같은 이유를 분명하게 설명해야 한다.

3÷0=3, 3÷1=3. 서로 다른 수로 나눴는데 그 답이 같을 수는 없다. 마하비라의 주장에는 뭔가 문제가 있다. 3÷0=3이 맞다면, 3÷1=3이 틀렸다. 반대로 3÷1=3이 맞다면 3÷0=3이 틀렸다. 어느 쪽일까? 3÷1=3은 어느 모로 보나 확실하다. 틀렸다면 3÷0=3이 틀렸을 것이다. 마하비라의 해결책은 기존의 계산체계와 충돌을 일으켰다. 그래서는 곤란하다. 새로운 수의 계산법이 기존 수들의 계산법을 무너뜨려서는 안 된다.

마하비라는 어떻게 해서 3÷0=3이라고 생각했을까? 그는 0을 다룬 다른 계산을 살폈다. 어떤 수에 0을 더하거나 빼도 어떤 수의 크기는 변하지 않는다. 3+0=3이고 3-0=3이다. 0은 아무것도 없는 신비한 수다. 0으로 뭔가를 계산하면 그 크기가 달라지지 않고 보존된다. 0으로 나누기도 비슷하게 생각하지 않았을까?

3÷0=3, 나눗셈의 의미로 생각해보면 제법 그럴싸하다. 나눗셈은 몇 개로 분할한다는 것이다. 5로 나눈다는 것은 대상을 다섯 묶음으로 나누는 것이다. 그럼 0으로 나눈다는 건? 대상을 전혀 나누지 않는 걸로 해석 가능하지 않을까? 그렇게 생각하면 3÷0=3이다. 설령 이런 생각이 그럴싸하더라도 3÷1=3과의 충돌은 피할 수 없다. 3÷0=3은 틀렸다.

0에 근접한 수들의 나눗셈으로 추측하면 3÷0은 무한대이다

12세기에 인도의 수학자 바스카라는 다른 답을 제시했다. 0으로 나누는 문제에 대해 그가 제시한 답은 무한대이다. 브라마굽타나 마하비라와는 답이 매우 다르다. 3을 0으로 나누는데 어떻게 무한대가 된다는 것일까? $3 \div 0$만 들여다봐서는 이해하기 힘들다.

바스카라는 $3 \div 0$이라는 식 자체만 보지 않고, $3 \div 0$을 둘러싼 나눗셈을 살펴본 듯하다. 큰 양수로부터 작은 양수로 나눗셈을 진행하면서 그 답이 어떻게 변하는지 살폈다. 그 변화를 보면서 나눗셈의 패턴을 파악했고, 그 패턴을 $3 \div 0$에도 적용했다.

$$3 \div 3 = 1$$

$$3 \div 2 = \frac{3}{2}$$

$$3 \div 1 = 3$$

$$3 \div \frac{1}{2} = 6$$

$$3 \div \frac{1}{4} = 12$$

$$3 \div \frac{1}{10} = 30$$

$$3 \div \frac{1}{10000} = 30000$$

$$\vdots$$

3을 다른 수로 나눠보자. 3을 3으로 나누고, 2로 나누고, 1로 나누고, $\frac{1}{2}$로 나누며 나누는 수를 계속 줄여간다. 그럴수록 그 몫은 더 커진다. 0에 가까운 분수로 나눌수록 그 몫은 훨씬 커진다. 이 패턴을 밀고 가서 0에 적용한다면, $3 \div 0$은 무한대가 될 것이다.

바스카라는 $\frac{3}{0}$을 무한대라고 해석했다. 그의 해석은 브라마굽타가 $3 \div 0$의 답으로 제시한 분수 $\frac{3}{0}$을 달리 해석한 것이다. 이 답을 어떻게 평가해야 할까? 이 답 역시 많은 문젯거리를 안고 있다.

3÷0을 무한대라고 말할 수 있으려면 나누는 수 0이 무한히 작은 크기를 갖고 있어야 한다. 0이라고 할 만큼 작은 크기로 나눌 때 그 몫이 무한대가 된다. 아무리 작더라도 크기를 가져야 한다. 그러나 0은 아예 크기가 없다. 0에 가까울 정도로 작은 것과 0은 다르다. 아무 크기도 없는 것과 무한히 작은 크기는 다르다. 3÷0을 무한대라고 할 때의 0은 무한히 작은 0이지 아무것도 없는 0이 아니다. 그렇다면 3을 0으로 나눴다고 말할 수 있을까? 엄밀하게 말하면 무한대라는 답은 3÷0에 대한 답변이 아니다.

3÷0이 무한대라고 하더라도 문제는 남아 있다. 3의 자리에 어떤 수가 들어가더라도 답은 무한대가 된다. 3÷0도, 5÷0도, $\frac{1}{2}$÷0도, $\frac{3}{5}$÷0도 답은 같다. 수들의 차이가 모두 무시되는 나눗셈이 되고 만다. 이런 문제에 대해서도 명확한 설명이 있어야 한다. 3÷0을 무한대라고 주장하려면 그로 말미암아 따라오게 될 부가적인 문제를 해결해줘야 한다. 그러나 이런 문제에 대해서는 언급조차 없다.

어떤 수를 0으로 나눈 값이 무한대라는 의견은 매우 설득력 있고 타당해 보였다. 0이 서양에 소개되면서 0의 나눗셈 문제가 대두되자 이 의견을 지지하는 학자들이 있었다. 아이작 뉴턴도 그중의 한 명이었다.

17세기 영국의 수학자인 존 윌리스는 0을 수로 보지 않았다. 그는 우리에게도 익숙한 무한대 기호 ∞를 도입해서 1÷0의 값을 무한대라고 했다. 그러면서 우리 입장에서 봤을 때 말도 안 되는 주장을 펼친다. 그는 음의 분수가 무한대보다 더 크다며 다음과 같이 표현했다.

$$\frac{1}{3} < \frac{1}{2} < \frac{1}{0} < \frac{1}{-1}$$

월리스는 1을 양수로부터 0 그리고 음수로 변화시켜가면서 나눠봤다. 몫의 변화를 살폈다. 1을 더 작은 수로 나누면 나눌수록 그 몫이 더 커진다는 것을 봤다. 0보다 더 작은 수인 -1로 나누면 그 몫 또한 $\frac{1}{0}$보다 더 크리라고 생각했다. $\frac{1}{0}$의 값이 무한대이니 $\frac{1}{-1}$의 값은 그보다 더 크다. 분모가 음수인 분수가 무한대보다 더 크다. 0과 음수에 대한 이론이 완벽하게 정립되기 전이었기에 가능한 추론이었다. 그래도 그는 수를 직선에 표시한 수직선(number line)을 최초로 고안할 정도로 앞서가던 수학자였다.

음의 분수가 무한대보다 크다는 주장은 월리스 이후로도 이어졌다. 18세기 수학계의 대가, 오일러는 라이프니츠가 제시한 식을 확장하여 이 주장을 수식으로 증명했다.

$$\frac{1}{1-x} = 1 + x + x^2 + x^3 + \cdots \ \ (x=2\text{를 대입하면})$$

$$\frac{1}{1-2} = 1 + 2 + 2^2 + 2^3 + \cdots$$

$$\frac{1}{-1} = 1 + 2 + 2^2 + 2^3 + \cdots$$

이 식에서 우변은 무한히 커진다. 무한대가 된다. 좌변은 $\frac{1}{-1}$, 1을 음수인 -1로 나눈 값이다. 음의 분수가 무한대와 같다는 희한한 결론이 도출된다. 물론 이 식은 잘못이다. 이 식이 성립하려면 x가 1보다 같거나 커서는 안 된다.

아이작 뉴턴도 월리스의 의견을 지지하며 어떤 수를 0으로 나누면 무한대가 된다고 했다. 그는 쌍곡선의 넓이를 이용한 방식으로 $\frac{1}{0}$을 무한대라고 했다. 이때의 0은 무한소라고 보는 게 더 타당하다. 1716년에 존 크레이그(John Craig)는 아예 0을, 무한히 작아 0에 가까운 크기인 무한소로 보았다. 그렇지 않다면 0으로 나눌 수는 없다고 생각했다. 0과 무한소를 같게 본 셈이다.

0으로 나누는 문제에 대한 논쟁은 이후로도 계속됐다. 트리니티 칼리지의 윌리엄 월턴(William Walton)은 1864년에 0으로 나눌 때 분모를 비워둬야 한다고 했다. 절대적인 무(無)의 상태이기에 그냥 비워둔다는 것이었다. 그러면 0은 뭘까? 그는 무한소를 나타낼 때 0을 쓴다고 했다. 그 마음은 충분히 이해하겠지만 비워두고서 수학을 계속 진행해갈 수는 없지 않겠는가?

오답 속 아이디어

분할하는 나눗셈으로만 계산하려 했다

나눗셈은 어떤 크기를 일정하게 분할하는 계산이다. $6 \div 2$는 6개를 두 묶음으로 똑같이 나누라는 뜻이다. 어떤 수로 나누느냐는 몇 개로 분할하느냐의 문제다. 0보다 큰 양수들은 모두 보이는 크기를 갖는다. 그렇기에 나눗셈을 크기의 분할문제로 이해해 답을 내는 게 가능하다. 또한 우리는 $6 \div 2$와 같은 나눗셈이 $\frac{6}{2}$과 같은 분수로 표현될 수 있음을 안다. 양수의 세계에서 이 규칙은 언제나 성립한다. 그런데 기존의 수와는 달라 보이는 수인 0이 등장했다.

브라마굽타는 0을 수로 받아들이고 계산문제도 다뤘다. 수라면 응당 계산의 규칙이 뒤따라야 했다. 역사적인 시도였다. 그는 0으로 나누기를 분모

세상을 바꾼 위대한 오답

가 0인 분수 $\frac{n}{0}$ 으로 표현했다. 0을 기존의 양수와 동일하게 취급했다. 양수의 규칙을 0에 그대로 적용했다. 형식적인 모양새를 그럴 듯하게 취했다. 그러나 $\frac{n}{0}$ 의 크기를 이해할 수 없었다. 이후 다양한 답들이 제시되며 분모가 0인 분수의 크기를 이해하고자 했다. 모든 수들에 대해 나눗셈의 답이 존재하듯이 0으로 나누는 경우에도 답이 있을 것이라고 생각했다. 크기에 대한 집착은 0을 무한소로 해석하게 만들기도 했다.

초기 시도들은 양수의 정의와 나눗셈을 0에 대해서 그대로 적용했다. 분모가 0인 분수로 한다든가, 나누는 수를 0에 접근시키면서 그 값의 경향을 보려 했다. 0을 포함하며 수에 대한 기존의 방식에 변화를 주지 않고 기존의 방법을 고수했다. 그러나 0은 양수가 아니었다. 양수에서 적용되던 의미와 방법이 0에 그대로 적용되기 어려웠다. 다양한 의견이 나왔지만, 그 의견들은 기존의 수 체계나 계산방식과 충돌했다. 어찌 보면 자연스러운 결과였다. 0으로 나누는 문제는 0만의 문제가 아니라 0을 포함한 수 전체의 문제였다. 제대로 해결하려면 다른 수들과의 관계도 고려해야 했다.

0으로 나누기가 어려웠던 것은 기존의 수와 나눗셈 정의 때문이었다. 현실적인 크기로 수를 보려 하고, 크기의 분할로 나눗셈을 이해하려 하니 0의 나눗셈이 해결되지 않았다.

오답의 약진

0으로 나눌 수 없는 경우도 생각하다

버클리 주교(1685~1753)는 영국의 경험론자다. 그는 '존재하는 것은 지각된 것이다(Esse est percipi)'라는 말로 유명하다. 지각된 것만이 존재하고, 지각되지 않는 것은 존재하지 않는다는 말이다. 그의 주장을 극적으로 밀고 가면 보이는 것만이 존재한다. 태양이 떠오르면 달은 보이지 않는다. 이때 달은 존재할까 안 할까? 버클리의 입장에 따르면 존재하지 않는다. 외부 대상은 그 자체로 존재하는 게 아니라 지각하는 주체에 의해 지각될 때, 표상으로 나타날 때에야 비로소 존재하게 된다는 것이다. 그는 이러한 주장으로 기존의 철학을 비판했다.

그는 미적분에서 사용하고 있던 무한소 개념의 애매함을 비판했다. 합리적이고 타당한 이유가 있다는 수학이 얼마나 허술한 개념을 바탕으로 하고 있는가를 지적했다. 그가 보기에 무한소는 유한한 크기도 아니고, 무한히 작은 크기도 아니며, 아무것도 아닌 크기도 아니었다. 도대체 무슨 말인지 알 수 없다는 것이다. 그러면서 사라져버린 크기의 유령이라고 비유하며 그 모호함을 비판했다.

버클리가 보기에 0은 수가 아니었다. 0이라는 상태를 지각하기 어렵기 때문이었던 걸까? 0이 수가 아니라면 0으로 나누는 문제는 간단해진다. 수가 아닌 걸로 나누기를 할 수는 없다. 그는 0으로 나누는 것이 가능하지 않다고 했다. 그의 종교적인 예언은 서서히 수학적으로 현실화된다.

오답에서 정답으로

0으로 나누는 건 안 돼!

마르틴 옴(Martin Ohm, 1792~1872)은 독일의 수학자였다. 황금분할이라는 말을 처음으로 도입한 수학자이며 a, b가 복소수일 때 a^b과 같은 지수이론을 발전시켰다. 그리고 1828년에 0으로 나누는 문제에 대해 중요한 언급을 했다.

그는 0으로 나눌 수는 없다고 했다. 0을 같은 수를 뺄 때의 크기로 봤다. $a-a=0$. 0이라는 것은 아무것도 없는 무의 상태가 아니라 같은 수끼리의 뺄셈의 결과로 봤다. 그러면서 나눗셈에 대해서도 달리 해석했다. 나눗셈을 곱셈의 역으로 보고 그 몫을 찾아갔다. 그는 $a \div b = \dfrac{a}{b}$ 를 b를 곱했을 때 a가 되는 값이라고 했다. 그러면서 $\dfrac{a}{b}$ 에서 "a가 0이 아니고 b가 0이라면, $\dfrac{a}{b}$ 는 의미가 없다. 0을 곱하면 a가 아닌 0이 되기 때문이다"라고 말했다.

마르틴 옴은 0과 나눗셈을 달리 정의했다. 0을 아무것도 없는 크기로 보지 않았다. 같은 수끼리 뺄셈을 했을 때의 결과로 간주했다. 그러면서 나눗셈 또한 달리 정의했다. 곱셈의 역연산으로 봤다. 곱셈과 나눗셈의 관계를 이용해 나눗셈 문제를 풀었다. 구체적으로 확인해보자. 곱셈식을 통해 우리는 나눗셈식 두 개를 얻을 수 있다.

$$2 \times 3 = 6 \quad \leftrightarrow \quad 6 \div 2 = 3,\ 6 \div 3 = 2$$
$$A \times B = C \quad \leftrightarrow \quad C \div B = A,\ C \div A = B$$

이 관계를 이용해 $a \div b$의 몫을 구해보자. 그 몫을 □라고 할 때 우리는 곱셈식 하나를 얻을 수 있다.

$$a \div b = \square \quad \leftrightarrow \quad b \times \square = a$$

$a \div b$의 몫인 □는 b를 곱했을 때 a가 되는 수를 뜻한다. 나눗셈의 문제가 곱셈의 문제로 바뀌었다. 이 방법으로 $3 \div 0$의 값을 구해보자. $3 \div 0$의

답을 ○라고 한다면 다음 식을 얻게 된다.

$$3 \div 0 = ○ \quad \leftrightarrow \quad 0 \times ○ = 3$$

3÷0의 답은 0을 곱했을 때 3이 나오는 수가 된다. 그런데 이런 수는 없다. 어떤 수에다가 0을 곱하면 그 값은 0이 되고 만다. 0을 곱해서 3이 나오는 어떤 수는 존재하지 않는다. 고로 3÷0은 불능이다. 수학에서 0으로 나누는 행위는 금지다. 그런 경우는 수학에서 제외다.

마르틴 옴은 나눗셈의 몫을 곱셈과의 관계를 통해서 찾았다. 곱셈을 통해서 보면 몫이 어떻게 되는지가 명확히 결정된다. 마르틴 옴과 동일한 결론을 내린 수학자는 또 있다. 1832년에 야노시 보여이(János Bolyai) 역시 $\frac{1}{0}$은 불가능한 크기라고 했다. 하지만 분모가 0을 향할수록 무한대로 향한다고 언급했다. 0으로 나누는 문제는 이렇게 정리됐다.

나눗셈은 곱셈의 역연산

나눗셈의 정의는 균등하게 분배하는 것으로부터 출발했다. 똑같이 나누는 것이었다. 그 의미에 따라서 나눗셈을 진행했고 계산했다. 그러나 음수나, 무리수, 허수와 같은 수들에 대해서 이런 나눗셈을 시행하기는 어렵다. 10개를 −2명에게, $\sqrt{3}$명에게, $(3+2i)$명에게 분배한다고 하자. 그걸 어떻게 계산할 수 있을까? 계산도 불가능할뿐더러, 그 계산을 시행하기 위해서 덧붙이는 설명 또한 궁색해지게 마련이다.

엄밀하게 이야기하자면 기존 나눗셈의 뜻도 두 가지로 해석한다. 15÷3을, 15개의 사과를 세 사람에게 똑같이 나눠준다는 식으로 해석하는 나눗셈을 등분제라고 한다. 또 하나는 포함제다. 15÷3을, 15개를 세 개씩 나눌 경우 몇 묶음을 포함하느냐의 문제로 해석한다. 포함제로 볼 경우 $15 \div \left(\frac{2}{3} \right)$와 같은 분수의 나눗셈을 이해하기가 더 쉽다. 15를 $\frac{2}{3}$의 크기로 묶을 경우 몇 묶음이냐고 해석하면 된다. 15를 $\frac{2}{3}$ 사람에게 나눠준다고 억지로 해석하는 것보다는 자연스럽다. 그래도 이 역시 양수에서나 통용되는 정의다.

현대에 들어서서 나눗셈은 곱셈의 역연산으로 정의된다. 기존의 정의만으로 해결하기 어려운 수들이 포함되면서 나눗셈을 달리 정의했다. 물리적인 크기를 분할하는 나눗셈이 아니다. 두 개의 수를 결합하여 하나의 수를 규칙적으로 만들어내는 약속일 뿐이다. 2+3=5도 두 개 더하기 세 개 하면 다섯 개가 된다는 뜻이 아니다. 2와 3이라는 수에 +라는 기호가 결합되면 5라는 수를 만들어내는 약속이라는 뜻이다.

우리가 보통 사용하는 실수는 곱셈에 대해 닫혀 있다. 어떤 수를 곱하더라도 그 결과는 실수의 범주에 포함된다. 그리고 실수는 곱셈에 대한 항등원과 역원을 포함한다. 이 항등원과 역원을 통해 나눗셈은 곱셈의 역연산으로 정의된다.

항등원은 a에 곱했을 때 a가 나오게 하는 어떤 수를 말한다. 즉,

$$a \times \square = a$$

실수의 곱셈에서 $\square$에 해당하는 수는 1이다. 1은 곱셈의 항등원이다. 역원이란 a에 곱했을 때 항등원이 나오게 하는 어떤 수를 말한다.

$$a \times \blacksquare = 1$$

a와 ■의 곱은 1이다. a는 ■의 역원이고, 반대로 ■는 a의 역원이다. 한편 이 식은 두 수의 곱셈식이므로, 곱셈과 나눗셈의 관계로 해석 가능하다. $a \times ■ = 1$이라는 곱셈식에서 ■$= 1 \div a$이다. ■는 a의 역원이자 $1 \div a$이다. 결과적으로 보면 나눗셈은 곱셈의 역이 된다.

곱셈의 역연산이라는 나눗셈 정의는 기존의 나눗셈 정의를 포함한다. 양수의 세계에서는 크기의 분할로 보고 계산하더라도 결과는 동일하다. 음수나 무리수 같은 경우는 의미를 따질 필요 없이 곱셈과 나눗셈의 관계를 이용해서 계산하면 된다.

나눗셈을 곱셈의 역연산으로 정의하면 모든 수에 대해서 나눗셈을 수행할 수 있다. 그 의미도 깔끔해진다. 이 정의는 계산할 때도 매우 효과적이다. 분수의 나눗셈을 기존의 정의로 한다면 매우 복잡하다. $\frac{12}{13} \div \frac{57}{43}$ 을 크기의 분할로 생각해서 계산한다고 생각해보라. 끔찍하다. 그건 고문이다. 하지만 곱셈의 역연산을 이용하면 쉽게 풀린다.

$$\frac{12}{13} \div \frac{57}{43} = \square \quad \leftrightarrow \quad \frac{12}{13} = \frac{57}{43} \times \square \ \text{(양변에 } \frac{43}{57} \text{을 곱한다)}$$

$$\frac{43}{57} \times \frac{57}{43} \times \square = \frac{43}{57} \times \frac{12}{13} \ \text{(각 변을 계산한다)}$$

$$\square = \frac{43}{57} \times \frac{12}{13}$$

$$= \frac{172}{247}$$

세상을 바꾼 위대한 오답

0÷3, 3÷0, 0÷0

달라진 나눗셈의 정의를 통해 0이 포함된 나눗셈 몇 가지를 해보자.

1) 0을 어떤 수로 나누기

$$0 \div 3 = \square \quad \rightarrow \quad 3 \times \square = 0$$

3을 곱해 0이 되는 수는 존재한다. 0이다. $0 \div 3 = 0$.

2) 어떤 수를 0으로 나누기

$$3 \div 0 = \square \quad \rightarrow \quad 0 \times \square = 3$$

0을 곱했을 때 3이 되는 수는 존재하지 않는다. 어떤 수에 0을 곱하면 항상 0이다. 고로 0을 곱했을 때 3이 되는 수는 존재하지 않는다. 어떤 수를 0으로 나누는 것은 불능이다.

3) 0을 0으로 나누기

$0 \div 0 = 1$, 이렇게 주장하는 경우가 있다. 나눗셈에서 같은 수를 같은 수로 나누면 1이 되기 때문이다. $5 \div 5$도 1이고 $\frac{1}{2} \div \frac{1}{2}$도 1이다. 같은 수를 같은 수로 나누니 1인 것은 당연하다. 이 논리가 $0 \div 0$에 대해서도 성립하는 걸까? 성립한다면 $0 \div 0 = 1$이다. 이 주장을 놓고 20세기 인도의 천재 수학자였던 라마누잔이 반박한 적이 있다. 학생 시절 수학선생님이 어떤 수라도 자기 자신을 자기 자신으로 나누면 1이 된다고 했다. 과일 세 개를 세 사람에게 나누면 1이 된다고 예를 들어줬다. 그러자 라마누잔은 0개의 과일

을 0명의 사람에게 나눠주면 각자 1개씩 갖는 거냐면서 문제점을 지적했다. $0 \div 0$의 답이 무엇인지, 곱셈식으로 바꿔서 생각해보자.

$$0 \div 0 = 1 \quad \leftrightarrow \quad 0 \times 1 = 0$$

0×1은 0이다. 고로 $0 \div 0 = 1$은 성립한다. 1이 답이라고 말할 수 있다. 그런데 그렇게 할 경우 1만이 답이 아니다. 2도 답이 된다. 수를 대입해 확인해보자.

$$0 \div 0 = 2 \quad \leftrightarrow \quad 0 \times 2 = 0$$

$0 \div 0$의 값을 2라고 하더라도 곱셈식은 성립한다. 고로 2도 답이다. 이런 식이면 3도 4도 곱셈식을 만족하므로 답이 된다. 그럼 답이 많은 걸까? 구체적인 수 말고 x로 놓고 풀어보자.

$$0 \div 0 = x \quad \leftrightarrow \quad 0 \times x = 0$$

$0 \div 0$의 몫 x는 무한히 많다. x가 어떤 값이 되더라도 0을 곱하면 그 값은 0이 되기 때문이다. $0 \div 0$의 해는 부정이다. 정할 수 없다가 된다. 무한히 많다는 뜻이다.

$0 \div 0$의 값이 무한히 많다고 말하려는 순간, 뭔가 의문이 일어난다. 앞에서 0으로 나누는 것은 불능이라고 했다. 그런데 분자가 0인 경우는 해가 존재할 뿐만 아니라 그 해가 무한히 많다? $0 \div 0$ 또한 0으로 나누는 문제이기에 제외되어야 하는 것인지, $0 \div 0$의 경우만 예외적으로 가능하다고 봐야 할 것인지 헷갈린다.

나눗셈을 곱셈과의 관계로 보고 풀이한다면 $0 \div 0$의 몫은 어떤 수든 가능하다.

$$0 \times 1 = 0 \quad \leftrightarrow \quad 0 \div 0 = 1$$
$$0 \times 2 = 0 \quad \leftrightarrow \quad 0 \div 0 = 2$$
$$0 \times 3 = 0 \quad \leftrightarrow \quad 0 \div 0 = 3$$
$$\vdots$$

하나하나의 식을 보면 그럴 법하다. 그런데 $0 \div 0$이 가능하고 그 답이 1, 2, 3 등 모든 수라면 모순이 발생한다. 모든 자연수 아니 모든 수가 같아져 버린다. $0 \div 0$이 가능하다고 보는 순간 모든 자연수를 다르다고 규정한 자연수의 성질이 깨져버린다.

$$0 \div 0 = 1 = 2 = 3 = 4 = \cdots$$

$0 \div 0$도 불능이다. 0으로 나누면 안 된다는 게 더 우선적으로 적용된다. 분자가 뭐가 되었건 간에 0으로 나누는 것은 금지요, 제외다.

불능은 새로운 가능성?

$a \div 0$, 0으로 나누는 것은 불능이다. 수학이란 공간에서 0으로 나누는 짓을 하면 큰일난다. 철저하게 금지된 일이다. $a \div 0$이 수학 안에 들어가면 안정적으로 보이는 수학세계에 균열이 발생한다. 수학을 지탱하고 유지하기 위해서는 $a \div 0$이 포함돼서는 안 된다. $a \div 0$은 기존의 수학으로는 풀지 못하는 구멍이다. 수학은 이 구멍을 배제해버림으로써 문제를 해결했다.

그런데 $\frac{a}{0}$를 인정하는 수학이 있다고 한다. 리만 구(Riemann sphere)나 사영적으로 확장된 실선(projectively extended real line)에서는 0으로 나누는 것을 ∞로 정의한다고 한다. $\frac{a}{0} = \infty$가 가능한 그런 수학이 있다니 신기하다. $a \div 0$은 메워야 할 구멍이 아니라, 새로운 수학의 세계로 나아가는 틈이자 기회인 건 아닐까?

세상을 바꾼 위대한 오답

6장

음수 곱하기 음수는
(+)인가 (−)인가?

음수는 0보다 작은 수로 수 앞에 마이너스(−)가 붙어 있다. 0은 아무것도 없는 상태인데 그보다 더 작은 크기라니 상상이 안 된다. 그래서 음수는 역사에 일찍 등장했음에도 불구하고 수로 인정받기까지 오랜 시간이 걸렸다. 음수가 사용되고, 수로 편입되면서 음수가 포함된 계산을 다뤄야만 했다. 특히 곱셈과 나눗셈이 어려웠다. '어떻게 하느냐?'도 중요했지만, '왜 그렇게 해야 하는가?'에 대한 이유가 더 중요했다.

❶ 고대 중국, 『구장산술』

양수를 정(正), 음수를 부(負)라고 부르며 음수가 포함된 덧셈과 뺄셈을 다뤘다.

'방정'으로 양수와 음수가 뒤섞인 것을 다룬다. (方程, 以御錯糅正負)

(加法) → 덧셈

異名相除 : 다른 부호는 서로 뺀다.

$$(+a)+(-b)=+(a-b); \ (-a)+(+b)=-(a-b)$$

同名相益 : 같은 부호는 서로 더한다.

$$(+a)+(+b)=+(a+b); \ (-a)+(-b)=-(a+b)$$

正無入正之 : 정은 상대가 없으면 정이다. $0+(+a)=+a$

負無入負之 : 부는 상대가 없으면 부다. $0+(-a)=-a$

(減法) → 뺄셈

同名相除 : 같은 부호는 서로 뺀다.

$$(+a)-(+b)=+(a-b); \ (-a)-(-b)=-(a-b)$$

異名相益 : 다른 부호는 서로 더한다.

$$(+a)-(-b)=+(a+b); \ (-a)-(+b)=-(a+b)$$

正無入負之 : 정은 상대가 없으면 부다. $0-(+a)=-a$

負無入正之 : 부는 상대가 없으면 정이다. $0-(-a)=+a$

❷ 3세기 그리스, 디오판토스

$4x+20=4$라는 방정식을 다루면서 이 방정식은 엉터리라고, 3세기 그리스 수학자 디오판토스는 말했다. 이 방정식의 해는 -4인데 고대 그리스에서는 음수 자체를 다루지 않았다. 수는 길이로 표현 가능한, 0보다 큰 크기를 가져야 했다. 방정식의 해 중 음수인 것도 인정하지 않고 무시했다. 음수의 계산도 철저하게 무시됐다.

❸ 17세기, 파스칼

0에서 4를 빼는 것은 완전히 엉터리다.

❹ 7세기 인도, 브라마굽타

재산을 양수로, 빚을 음수로 간주했다. 이 개념으로 양수와 음수의 계산방법을 다뤘는데 지금의 방법과 동일하다.

빚에서 0을 빼면 빚 그대로다.	→	$(-)-0=(-)$
재산에서 0을 빼면 재산 그대로다.	→	$(+)-0=(+)$
0에서 0을 빼면 0이다.	→	$0-0=0$
0에서 빚을 빼면 재산이다.	→	$0-(-)=(+)$
0에서 재산을 빼면 빚이다.	→	$0-(+)=(-)$
0에다 빚이나 재산을 곱하면 0이다.	→	$0\times(+)=0,\ 0\times(-)=0$
0에다 0을 곱하면 0이다.	→	$0\times0=0$
두 재산의 곱이나 나눗셈의 몫은 재산이다.	→	$(+)\times(+)=(+),\ (+)\div(+)=(+)$

두 빚의 곱이나 나눗셈은 재산이다. → $(-)\times(-)=(+)$, $(-)\div(-)=(+)$

빚과 재산의 곱 또는 나누기는 빚이다. → $(-)\times(+)=(-)$, $(-)\div(+)=(-)$

재산과 빚의 곱 또는 나누기는 빚이다. → $(+)\times(-)=(-)$, $(+)\div(-)=(+)$

❺ 18세기, 오일러

오일러는 $(+)\times(-)=(-)$라는 증명에 근거하여 $(-)\times(-)=(+)$라고 주장했다. $(-)\times(-)$는 $(+)\times(-)$와 다르므로 그 답도 달라야 한다. $(+)\times(-)=(-)$이니 $(-)\times(-)=(+)$가 되어야 한다.

❻ 1334년, 피사의 마에스트로 다르디

$8\times8=64$. 이 사실을 이용해 $(-2)\times(-2)=4$임을 보였다.

$$8\times8=64$$

$$(10-2)\times(10-2)=\{10+(-2)\}\times\{10+(-2)\}$$
$$=10\times10+10\times(-2)+(-2)\times10+(-2)\times(-2)\}$$
$$=100-20-20+(-2)\times(-2)$$
$$=100-40+(-2)\times(-2)$$
$$64=60+(-2)\times(-2)$$
$$\therefore (-2)\times(-2)=+4$$

❼ 1570년, 카르다노

$8\times8=64$를 이용해 $(+)\times(+)=(-)$일 수 있음을 보이며, 마에스트로 다르디의 주장을

반박했다.

$(x-y)^2=x^2-2xy+y^2$라는 공식을 활용하면

$$(10-2)^2=10^2-2\times10\times2+2^2$$
$$=100-40+4$$
$$=60+4$$
$$=64$$

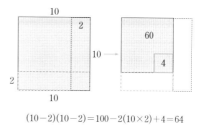

$(10-2)(10-2)=100-2(10\times2)+4=64$

64라는 답은 60에 4를 더해 나왔다. 이때 4는 $(-2)\times(-2)$의 곱이 아니라 가로와 세로의 길이가 2인 정사각형의 넓이다. 60에다가 이 정사각형의 넓이 4를 더한 결과다. 고로 (음수)×(음수)가 (양수)라고 말할 수 있는 그 어떤 근거도 없다. 그런 식이면 (양수)×(양수)가 (음수)라고 말하는 것도 정당하다.

⑧ 1685년, 존 월리스

1685년에 존 월리스는 음수와 관련한 덧셈과 뺄셈을 묘사하기 위해서 수직선(number line)을 도입했다. 그는 물었다. 어떤 사람이 A로부터 5야드만큼 나아갔다. 그러다 그 사람이 8야드만큼 되돌아왔을 때 처음 출발점으로부터 얼마나 멀리 떨어져 있을까? 월리스는 수직선을 이용해 −3이라고 대답했다.

⑨ 1667년 프랑스 신학자, 앙투안 아르노

자연수 2와 3으로 두 개의 비를 만들 수 있다. 2:3과 3:2. 두 비를 비교해보면 $3:2\left(=\dfrac{3}{2}\right)$가 $2:3\left(=\dfrac{2}{3}\right)$보다 크다. '큰 수:작은 수'의 비가 '작은 수:큰 수'의 비보다 크다. 이제 수직

선을 따라 왼쪽으로, 작은 수 쪽으로 옮겨가자. 0을 거쳐 음수로 가자. 1과 −1을 이용해 두 개의 비를 만들어보자. '1 : −1'과 '−1 : 1'. 두 비를 비교하면 어떻게 될까? '큰 수 : 작은 수'의 비가 더 크다고 했으므로, '1 : −1'의 비가 '−1 : 1'의 비보다 더 커야 한다.

$$1 : -1 \, > \, -1 : 1$$

과연 그러한가? 두 비의 값은 모두 −1로 같다. 모순이다. 음수 때문이다. 음수는 0보다 작은 크기의 수라고 생각하기 때문이다.

⑩ 18세기, 라이프니츠

음수의 나눗셈은 허수를 다루듯이, 크기나 의미에 신경 쓰지 않고 기호나 문자처럼 처리하면 된다. 양수를 음수로 나눠도, 음수를 양수로 나눠도 부호는 음수가 된다. $\frac{1}{-1}$ 이나 $\frac{-1}{1}$ 이나 −1이다. 음수를 기호적으로, 형식적으로 해석하라고 했다.

중국, 음수를 손해로 생각하다

음수를 처음으로 다룬 곳은 고대 중국이었다. 『구장산술』8장 제목은 '방정(方程)'으로 지금의 방정식을 다룬다. 음수는 방정식의 해법을 통해 등장한다. 거기 나오는 문제 하나를 보자.

벼 상품 3단, 중품 2단, 하품 1단의 알곡은 39말이며, 벼 상품 2단, 중품 3단, 하품 1단의 알곡은 34말이고, 벼 상품 1단, 중품 2단, 하품 3단의 알곡은 26말이다. 상품, 중품, 하품 1단의 알곡은 각각 얼마인가?

이 문제를 문자로 바꾸면 다음과 같다.

$$3x+2y+z=39$$
$$2x+3y+z=34$$
$$x+2y+3z=26$$

1	2	3
2	3	2
3	1	1
26	34	39

미지수가 세 개인 일차연립방정식이다. 지금은 이런 방정식을 다룰 때 식과 식을 더하고 빼서 문자를 줄여가며 푼다. 고대 중국인들도 기본원리는 같았다. 다만 그들은 계수만을 모으되 세로로 배열하여 표를 만들었다. 이 표의 열과 열을 더하고 빼면서 해를 구했다.

표를 조작해 새로운 표로 나타내보자. 표의 조작은 자유롭다. 각 열에 어떤 수를 곱해도 되고, 어떤 열과 열을 더하거나 빼도 상관 없다. 1열에서 3

-2	2	1
0	3	-1
2	1	0
-13	34	5

열을 빼 새로운 1열로, 3열에서 2열을 빼 새로운 3열로 하자. 2열은 가만히 둔다. 그러면 표는 다음과 같이 바뀐다. 이 표의 1열과 3열을 문자로 바꾸면 $-2x+2z=-13$, $x-y=5$이다. 문자가 줄었다. 이런 식으로 변형하면서 고대 중국인들은 해를 구했다.

음수는 이 과정에서 등장한다. 표를 조작하다 보면 어쩔 수 없이 작은 수에서 큰 수를 빼야 하는 경우가 생긴다. 음수가 나오는 경우는 불편했지만 피할 수 없었다. 최종적인 해를 구해내기 위해서는 음수의 문제를 해결해야 했다. 그들은 음수를 부(負), 양수를 정(正)이라고 하면서 계산 규칙인 정부술을 정립했다.

고대 중국인들은 양수를 이익, 음수를 손해로 생각했다. 정부술의 부(負)가 '빚지다, 짐지다'의 뜻이라는 것과 일맥상통한다. 이익을 뜻하는 흑자나 손해를 뜻하는 적자라는 표현은 양수와 음수를 표시하던 막대기의 색깔로부터 나왔다. 지금과는 반대로 흑자는 손해인 음수, 적자는 이익인 양수를 뜻했다. 계산과정에서 등장한 음수를 중국인들도 수로 생각하지 않았다. 그래도 음수를 다뤄야 했기에, 음수를 손해라는 개념으로 생각해서 그 규칙을 정한 것으로 보인다. 음수를 기존의 수처럼 크기가 있는 수로 치환해서 생각했다.

손해로만 봐도 음수의 덧셈·뺄셈은 무난하게 정리된다. 이익끼리 더하면 이익이 될 테고, 손해끼리 더하면 손해가 된다. 부호가 다른 덧셈은 손해와 이익의 합으로 생각하면 된다. 이익이 더 크면 (＋), 손해가 더 크면 (－)이다. 조금 어려운 음수의 뺄셈을 생각해보자. $2-(-5)$는 이익 2에서 5만큼의 손해를 빼는 것으로 해석 가능하다. 손해를 뺀다는 건, 손해가 없어진 것이기에 그만큼 이익이 된다.(?) −(−)＝(＋). 고로 2−(−5)＝2＋5＝7이다.

음수는 계산과정에서 툭 튀어 나왔다. 고대 중국인들은 음수를 포함해서 계산 규칙을 정립했다. 지금으로부터 2,000년도 훨씬 더 된 시절이었는데 참 대단하다. 하지만 그들은 그들의 규칙이 왜 맞는지 근거나 이유를 제시하지 않았다. 증명도 없었다. 하기야 음수를 손해로 보고 계산한다면 무슨 이유와 증명이 필요했겠는가! 이익과 손해를 딱딱 따져가며 생각만 잘한다면 수긍할 수 있었을 것이다.

그러나 고대 중국인들은 음수의 덧셈·뺄셈만 다뤘다. 음수에서 어려운 계산인 곱셈과 나눗셈은 빠져 있다. 그렇다 할지라도 중국인들의 음수 도입은 어느 문명보다 앞섰다. 음수에 있어서 서양은 느려도 너무 느렸다.

서양, 음수에 대해 생각하지 않다

서양에서 음수에 관한 언급은 찬란했던 그리스의 영광이 이미 지나가버린 3세기에 이르러서였다. 숱한 정리와 증명을 만들어낸 고대 그리스의 수학에서 음수는 존재하지 않았다.

디오판토스는 3세기에 활동한 알렉산드리아의 수학자였다. 그가 쓴 『산학』에는 우리 식으로 $4x+20＝4$라는 문제를 다뤘다. 그는 이런 방정식이 터무니없고 엉터리라고 평가했다. $x＝−4$로 양수가 아닌 수가 답이었기 때문이다.

음수에 대한 디오판토스의 평가는 고대 그리스의 수학적 전통에 따른 결과였다. 고대 그리스 수학은 자와 컴퍼스를 주로 사용하는 기하학이었다. 그들에게 수는 길이로 표현 가능한 크기였다. 0보다 작은 길이란 있을 수 없다. 음의 길이란 존재하지 않는다. 이론적이고 추상적이면서 증명을 기반으로 꼼꼼하게 수학을 했던 그들의 공간에 음수가 끼어들 틈은 없었다.

음수 자체가 도입되지 않았기에 음수가 포함된 계산에 대해서는 더욱 고민하지 않았다. 서양 수학과 음수 사이의 거리는 근대에 이르기까지 좁혀지지 않았다. 방정식의 해로 음수가 나오면 가볍게 무시했다.

17세기의 위대한 수학자 파스칼마저도 0에서 4를 빼는 게 완전히 넌센스라고 말했다. 서양인들에게 음수가 얼마나 받아들여지기 어려운 수였는가를 단적으로 보여준다. 파스칼이 살던 시대는 미적분이 탄생해가던 시기로 근대 서양의 수학이 고대 그리스와는 독립적으로 발전해가던 시기였다. 그 시기를 대표하는 파스칼이 '0-4'를 넌센스라고 했다니, 우리에게는 그 사실이 더 넌센스처럼 들린다. 문자나 함수가 만들어지며 대수학이 발전해갔지만 그 시기에는 기하학이 여전히 수학의 중심이었다.

음수를 수에 편입시키는 것은 어려운 문제였다. 수에 대한 생각이 바뀌거나 음수를 사용할 수밖에 없는 환경이 조성돼야 했다. 중국이나 인도는 음수에 대해 더 너그러웠다. 그런 탓에 음수의 계산 규칙은 중국과 인도에서 먼저 정립되어갔다. 서양에서도 음수는 필요가 수 개념보다 앞섰다. 서양에서 상업이 발달해 이익과 손해라는 개념 사용이 빈번해지며 음수는 실용적 차원에서 다뤄졌다. 복식회계를 고안한 15세기 이탈리아 수학자·수도사, 루카 파치올리는 음수와 계산과정에서의 음수 처리 규칙을 다뤘다.

음수를 크기가 있는 수로 해석하다 빠진 오류

7세기 인도의 천문학자이자 수학자였던 브라마굽타는 음수의 계산 규칙을 곱셈과 나눗셈까지 확장했다. 그 규칙들은 지금의 규칙과 동일하다. 그는 양수를 재산, 음수를 빚으로 해석하여 계산 규칙을 설명했다. 중국 이후 1,000년 가까운 시간이 흘렀건만 양수와 음수를 현실적인 대상이나 크기를 통해 이해한다는 점은 같았다. 고대 중국인이 언급하지 못한 음수의 곱셈과 나눗셈을 다뤘다는 점은 브라마굽타의 성과였다. 그러나 그 과정에 대한 설명은 따로 남겨놓지 않았다. 음수에 대한 브라마굽타의 해석을 따라 음수의 곱셈과 나눗셈의 규칙을 설정해보자.

곱셈은 덧셈의 반복이다. 양수끼리의 곱셈이야 문제될 게 없다. 부호는 양수이고, 수끼리 곱하면 된다. 양수와 음수의 곱셈은 어찌 될까? $(-2) \times 3$을 해석하면 2만큼의 빚을 세 번 지는 것과 같다. 그러면 6만큼의 빚을 지는 것이니 답은 -6이다. 해석과 이해에 별다른 어려움이 없다. 음수와 양수의 곱은 음수다.

그러면 $3 \times (-2)$는? 3만큼의 재산을 -2번만큼 더한다? -2번이란 있을 수 없다. 자연스럽지 않다. 음수에 음수를 곱하는 것도 마찬가지다. $(-2) \times (-3)$은 2만큼의 빚을 -3번 진다는 건데 -3번이란 의미를 알 수가 없다.

음수를 빚이나 손해 같은 크기로 해석할 경우 음수를 곱하는 문제는 답을 내기 곤란하다. $3 \times (-2)$는, 곱셈에서 순서를 바꿔 곱해도 답은 같다는 경험적 사실을 이용해 $(-2) \times 3$으로 치환해서 생각하는 궁여지책을 발휘할 수는 있다. 그렇더라도 $(-2) \times (-3)$을 의미를 따져 답을 구해내기란 어렵다. 음수만큼의 횟수를 더하는 그림이 그려지지 않는다.

나눗셈도 비슷하다. 나눗셈은 전체를 똑같이 분할하는 것이다. 양수끼리의 나눗셈은 쉽다. 양수와 음수의 나눗셈부터는 신경을 써야 한다. $(-6) \div 2$는 6만큼의 빚을 두 사람에게 나누는 것이므로 답이 -3이란 걸 알 수 있다. 음수 나누기 양수는 음수다. 하지만 음수로 나누는 경우는 해석이 안 된다. $6 \div (-2)$, $(-6) \div (-2)$를 어떻게 해석한단 말인가? -2개로 나누는 걸 어떻게 한단 말인가?

음수를 빚으로 보는 계산법은 음수를 곱하거나 나눌 때 한계에 봉착한다. 해석이 안 되기에 계산할 수가 없다. 브라마굽타 역시 그랬을 것이다. 그리고 그 문제를 해결하기 위해 고민하고 궁리했을 것이다. 어떤 아이디어가 가능할까?

음수끼리의 곱셈을 그 자체만으로 보면 해결이 어렵다. 다른 것과의 관계를 보자. $3 \times (-2)$를 $(-2) \times 3$으로 바꿔 풀 경우 곱셈에서의 부호관계는 다음과 같다.

$$(+) \times (+) = (+)$$
$$(+) \times (-) = (-)$$
$$(-) \times (+) = (-)$$

문제는 $(-) \times (-)$인데 이 경우 부호가 $(-)$라는 건 이상하다. 둘 중 하나가 $(-)$인 경우가 $(-)$였는데 $(-) \times (-)$도 $(-)$라는 건 이상하다. 문제가 다른데 답이 같다면 답이 틀린 것이다. 이렇게 보면 $(-) \times (-)$가 $(+)$가 되는 게 차라리 더 낫다. 부호가 같으면 $(+)$가 된다는 공통점도 있다. 오일러가 $(-) \times (-) = (+)$라고 주장한 근거도 이 같은 부호관계를 통해서였다. 의미야 궁색하더라도 억지로 맞추면 $(-)\times(-)$가 $(+)$여야 한다고 말을 맞춰낼 수 있다.

나눗셈에서 $(-)$로 나누는 경우는 어떻게 해야 할까? 이 문제도 문제 자체만 들여다보기보다는 다른 식으로 접근하지 않았을까? $(+)\div(-)$는 $(+)\div(+)$와 문제가 다르다. 답도 달라야 한다. 그러면 $(+)\div(-)$는 $(-)$가 적당하다. $(+)\div(+)$는 $(+)$이니 말이다. 이런 식으로 $(-)\div(-)$는 $(+)$라고 했을 수도 있다.

브라마굽타가 제시한 음수의 계산 규칙은 음수의 의미만으로 나온 규칙이 아니다. 그 의미로 포착되지 않는 영역을 포착하고자 의미 이외의 아이디어를 추가했다. 그 결과 음수가 포함된 모든 경우의 규칙을 내놓았다. 그렇지만 어떤 과정을 통해 그런 결과를 도출했는지 설명은 없다.

오답 속 아이디어

음수의 사칙연산, 그 증명은?

중국이나 인도에서는 음수를 음수와 가장 잘 어울리는 대상의 크기로 해석했다. 빚이나 손해는 현실에서 익숙한 현상이다. 존재하긴 하지만 구체적으로 보이지는 않는다. 크기이되 0보다 작은 크기로 간주하기에 딱 좋은 대상이었다. 그 대상을 통해 음수를 이해했고, 계산 규칙이 설정되었다.

음수를 손해나 빚으로 설명하는 방법은 수학이 발달해가던 이후에도 계속되었다. 이슬람문명권에서, 중세와 근대의 서양에서도 그런 예를 흔히 찾아볼 수 있다. 18세기 유명한 수학자인 오일러 역시 음수와 양수의 곱셈이 음수가 된다는 것을 정당화하기 위해 빚의 개념을 사용했다. 이 방법은 사람들에게 음수를 수로 설득하는 데 유용한 도구였다. 음수를 수로 쉽게 받아들이게 하는 데 빚과 손해 개념은 아주 유효했다.

그러나 빚과 손해라는 개념은 음수를 양수적으로 받아들이도록 했다. 음수와 양수의 차이를 보면서 수의 영역을 확장하기보다는 음수를 기존의 수와 동일하게 보도록 했다. 몸에 맞는 옷을 찾는 게 아니라 옷에 몸을 맞추는 격이었다. 하지만 음수와 양수 사이에는 차이가 존재한다. 음수의 곱셈과 나눗셈에서 크기로 설명되지 않는 부분이 있었던 게 그 증거다.

중국과 인도인이 제시한 음수의 계산 규칙에는 분명히 지적해야 할 게 있다. 맞고 틀리고의 여부를 떠나서 왜 그런 규칙이어야 하는가에 대한 이유가 없다는 점이다. 규칙이 맞는지 틀린지를 판단할 근거가 없다.

브라마굽타가 음수의 사칙연산을 제시했다고 하자. 누군가가 그에게 질문을 한다. '브라마굽타, 당신의 방법은 이해하겠소. 그런데 말이오. 당신의 방법만이 옳은 것이오? 다른 방식으로 하면 안 되는 이유가 있소? 음수 곱하기 음수가 음수라고 하더라도 틀렸다고 말할 수 있소?' 이에 대해 브라마굽타는 뭐라고 말할 수 있을까? 그는 음수의 사칙연산을 주장했을 뿐, 증명한 것은 아니다. 그의 방법이 유일하게 옳은지, 다른 방법으로 하면 문제가 되는 건지 분명하게 밝힐 수 없다. 그럴싸하고 전체적으로 조화를 이루고 있다지만 그렇다고 그게 옳다고 말할 수는 없다. 자신의 해결책을 정당화할 근거가 없다. 근거를 제시하는 해결책이 있어야 했다.

세상을 바꾼 위대한 오답

크기가 아닌 수식의 방법으로!

1334년, 이탈리아 피사 지방의 마에스트로 다르디(Maestro Dardi)는 $(-2) \times (-2) = +4$라는 것을 색다른 방법으로 제시했다. 누구나 아는 $8 \times 8 = 64$를 이용했다. 수식을 통해서 음수와 음수의 곱이 양수가 되어야 한다는 것을 증명했다. 식의 변형, 전개, 이항, 조작과 같은 대수적인 방법을 활용하여 답을 도출했다.

$$8 \times 8 = (10-2) \times (10-2) = 60 + (-2) \times (-2) = 64$$

그는 8×8을 $(10-2) \times (10-2)$로 바꾼 후 전개하여 정리한다. $8 \times 8 = 64$이므로 $(-2) \times (-2) = +4$가 되어야만 한다. 증명 끝이다.

두 음수의 곱이 양수가 될 수밖에 없음을 증명하고 있다. 그 증명의 토대는 $8 \times 8 = 64$ 그리고 식의 전개이다. 확실한 두 사실을 이용하여 두 음수의 곱을 이끌어내고 있다. 툭 제시하던 브라마굽타와의 방식과는 많은 차이가 있다. 음수의 의미를 따라 식을 해석하지 않고, 식을 변형하고 조작해 결론적으로 유도했다.

마에스트로 다르디와 브라마굽타는 거의 700년의 시간차를 두고 있다. 음수의 계산을 다룬 방법도 큰 차이를 보인다. 그러나 시간의 변화가 방법의 변화를 자동적으로 보장하지는 않는다. 문제를 해결하려는 사람들의 끈질긴 노력이 있었기에 가능한 도약이었다.

브라마굽타를 포함한 인도 수학은 이슬람 문명으로 흘러 들어갔다. 인도

수학에 익숙했기에 이슬람 수학자들도 음수를 알고 있었다. 그러나 그들은 인도 수학만 받아들인 게 아니라 고대 그리스의 이론적이고 기하학적인 수학도 받아들였다. 그리스적 전통에 따라 이슬람 수학자들 역시 음수를 수로 받아들이지 않았다. 그러다 10세기를 지나면서 음수를 언급한 책이 등장하고, 12세기에는 음수의 계산 규칙을 이야기하기도 했다. 그 규칙은 브라마굽타를 벗어나지 못했고, 음수를 빚으로 해석하는 것도 동일했다.

이슬람 문명은 차차 그들의 개성이 반영된 수학을 형성해갔다. 특히 이차방정식이나 삼차방정식의 해법을 찾는 문제에 많은 관심을 보였다. 그 결실로 기하학적인 방식의 일반해법을 구해냈다. 그들이 발전시킨 분야 중 하나는 대수학이었다. 대수학을 영어로 'algebra'라고 부르는데 이슬람 수학자인 알콰리즈미의 책 제목에서 유래했다.

알콰리즈미는 9세기에 활동한 이슬람 수학자였다. 그는 대수학의 탄생에 결정적인 역할을 했다. 그가 집필한 책에는 대수학적인 여러 방법이 소개되어 있다. 등식의 양변에 똑같이 양수를 뺀다거나, 한쪽의 식을 다른 쪽으로 옮기는 이항 등에 대해서도 설명했다.

그렇다면 알콰리즈미도 음수의 계산 규칙에 대해서 다뤘을까? 그 역시 다뤘다. 대수학적인 방법을 사용하려면 양수와 음수의 규칙을 알아야만 했다. 그가 음수를 인정한 것은 아니다. 이차방정식을 다룰 때에도 $ax^2 + bx = c$, $ax^2 + c = bx$처럼 음수가 나오지 않는 경우를 다뤘다. 아니면 그렇게 되도록 식을 변형했다. 그래도 음수와의 마주침은 어쩔 수 없었기에 그 규칙을 다룰 수밖에 없었다.

알콰리즈미도 두 음수의 곱은 양수라고 증명했다. 방법은 마에스트로 다르디와 동일했다. 다르디가 알콰리즈미의 방법에 영향을 받았다고 말하는 게 옳을 것 같다. 알콰리즈미는 $8 \times 17 = 136$을 변형하여 전개하면서 (-2) $\times (-3) = +6$을 설명했다.

$$8 \times 17 = (10-2) \times (20-3)$$
$$= 200 - 40 - 30 + (-2) \times (-3)$$
$$= 130 + (-2) \times (-3)$$
$$\therefore (-2) \times (-3) = +6$$

그런데 양수 곱하기 양수가 음수라는 해괴망측한 주장이 제시됐다. 16세기의 기인 수학자였던 카르다노였다. 그는 음수 곱하기 음수가 양수라는 주장에 근거가 없다고 주장했다. 그는 타르탈리아가 증명에 사용했던 식을 그대로 사용했다. 같은 식으로 전혀 다른 주장을 내놓았다.

$8 \times 8 = 64$. 카르다노는 이 식을 대수적인 방법이 아니라 기하학적인 방법으로 접근했다. 그는 $(a-b)^2 = a^2 - 2ab + b^2$을 이용했다. 이 식은 유클리드가 증명까지 해놓은 틀림 없는 식이었다.

$$(10-2)^2 = 10^2 - 2 \times 10 \times 2 + 2^2$$
$$= 100 - 40 + 4$$
$$= 60 + 4$$
$$= 64$$

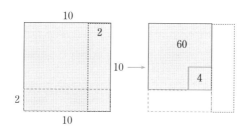

이 식에서 4는 가로와 세로의 길이가 2인 정사각형의 넓이다. 두 번 빠졌기에 다시 한 번 더해준 것이었다. 카르다노는 이 사실에 주목했다. 4는 $(-2) \times (-2)$의 값이 아니라 2×2인 정사각형의 넓이를 더해준 것이다.

카르다노는 $(-2) \times (-2)$가 4라고 말할 수 있는 이유를 찾을 수 없다고 했다. 그가 보기에 $(-2) \times (-2) = +4$라는 주장이 정당하다면 $(+) \times (+) = (-)$라고 주장하는 것 또한 정당해 보였다. 그의 반박은 일면 타당했다.

이슬람에서 발달한 산술 또는 대수학은 여전히 자체적인 논리를 갖추지 못했다. 이슬람을 거쳐 중세와 근대에 이르는 동안 대수학은 기하학을 모태로 해서 태어나 아직 독립하지 못한 상태였다. 기하학적인 설명과 증명이 우선이었다. 그림을 말이나 글로 풀어놓은 것과 같았다. 카르다노는 그 점을 정확하게 지적했다. 산술이나 대수학이 독립적인 체계를 구축하기 전, 음수의 계산문제는 여전히 미해결로 남을 운명이었다.

수직선으로 음수 계산을 다뤄보다!

17세기 서양에서 음수는 여전히 모호하고 헷갈리는 수였다. 여전히 거부하는 사람들이 많았고, 방정식의 해로 음수는 무시되기 일쑤였다. 기하학적 전통이 강했으므로 보이지 않는 수인 음수는 여전히 설 자리가 마땅치 않았다. 이때 음수를 보여주는 획기적인 방법이 등장했다.

1685년 존 월리스는 수와 직선을 결합한 수직선을 선보였다. 음수의 덧셈과 뺄셈을 쉽게 보여주려는 목적으로 수직선을 고안한 것이었다. 그는 5만큼 나아갔다가 8만큼 되돌아오는 문제를 예로 들어 음수의 뺄셈을 보여

세상을 바꾼 위대한 오답

Yet is not that Suppofition (of Negative Quantities,) either Unuſeful or Abſurd; when rightly underſtood. And though, as to the bare Algebraick Notation, it import a Quantity leſs than nothing: Yet, when it comes to a Phyſical Application, it denotes as Real a Quantity as if the Sign were $+$; but to be interpreted in a contrary ſenſe.

As for inſtance: Suppoſing a man to have advanced or moved forward, (from A to B,) 5 Yards; and then to retreat (from B to C) 2 Yards: If it be asked, how much he had Advanced (upon the whole march) when at C? or how many Yards he is now Forwarder than when he was at A? I find (by ſubducting 2 from 5,) that he is Advanced 3 Yards. (Becauſe $+5 - 2 = +3.$)

D   A   C   B

존 월리스가 그의 책 『대수학』에 소개한 수직선

줬다. 거리를 오고 가는 상황에서 유용하게 쓰일 수 있다면서 음수가 엉터리 수는 아니라고 주장했다.

수직선은 음수의 역사에서 매우 중요한 역할을 수행했다. 무엇보다 음수를 눈에 보이도록 해줬다. 항상 보이지 않고, 잡히지 않아 헷갈렸던 음수는 수직선을 통해 자기 자리를 잡게 되었다. 이제 음수는 위치만 다를 뿐 양수와 한 직선상에 나란히 자리잡게 되었다. 양수와 음수의 차이는 위치뿐이었다.

수직선은 또한 수들 간의 대소관계를 명확하게 보여줬다. 오른쪽으로 갈수록 수는 커졌으며, 왼쪽으로 갈수록 수는 작아졌다. 양수보다는 0이 작고, 0보다는 음수가 작았다. 음수 중에서도 왼쪽으로 갈수록 수는 작았다.

음수의 계산 규칙에도 수직선은 유용했다. 이제 계산은 수직선상에서의 위치 이동으로 설명 가능했다. 덧셈은 오른쪽으로, 뺄셈은 왼쪽으로 이동하는 걸로 바뀌었다. 5+3은 5의 위치에서 3만큼 오른쪽으로 이동하면 8이다.

5−8은 5의 위치에서 8만큼 왼쪽으로 이동한다. 그러면 답은 −3이다. 양수를 곱하는 것도 가능하다. (−2)×3은 0에서 −2만큼 세 번 이동하면 −6이다. 그런데 음수를 빼거나 곱하는 경우는 여전히 어렵다. (−2)−(−3), (−2)×(−3)을 수직선 개념으로 어떻게 설명할 수 있을까?

가끔 음수 곱하기 음수를 수직선으로 설명하는 경우를 본다. 음수를 곱하는 것은 방향을 바꿔 덧셈을 반복하는 것이라고 설명한다. 만약 (−2)×(−3)의 경우라면 −2의 위치였는데 음수를 곱하니 방향을 바꿔서 2가 되고, 세 번 더하니 6이 된다는 것이다. 그런데 이런 규칙과 논리는 어디에서 나온 걸까? 이런 물음에 대해 논리적으로 설명하지 못한다.

수직선은 특히 나눗셈에서 전혀 맥을 못 쓴다. 6÷2 또는 (−2)÷(−5)와 같은 문제를 수직선으로 어떻게 풀 것인가? 수직선이 음수의 계산 규칙을 설정하는 잣대가 되려면 수직선만의 고유한 법칙과 의미 등이 있어야 한다. 그때마다 임의적으로 규칙을 설정해서는 안 된다. 음수가 포함된 모든 경우의 문제를 일관되게 다룰 수 있어야 한다. 그런 면에서 수직선은 음수 계산 규칙을 완벽하게 설정해주지 못한다.

수직선은 음수의 계산 규칙을 쉽게 이해하도록 도와주는 보조적 수단이다. 결과론적인 설명도구에 불과하다. 이것이 수직선을 만들었던 월리스의 의도이기도 했다. 그는 음수와 음수의 덧셈과 뺄셈을 눈에 보일 수 있게 묘사하고자 했다. 계산 규칙이 설정된 후에 수직선이 있는 것이지, 수직선만으로 규칙을 설정할 수는 없다.

수에서 크기를 떼어버리다

수직선의 도입은 의도치 않게 논쟁을 불러왔다. 수직선으로 말미암아 음

세상을 바꾼 위대한 오답

수는 0보다 작은 수라는 게 더 확실해졌다. 이로 인해 음수의 계산문제는 이상하게 꼬여버린다.

17세기 프랑스 신학자 앙투안 아르노(Antoine Arnauld)는 비의 개념을 통해 음수의 크기와 계산 규칙 문제의 난점을 드러냈다. 양수에서 '큰 수 : 작은 수'의 비는 항상 '작은 수 : 큰 수'의 비보다 컸다. 그는 이게 항상 성립해야 한다고 생각했다. -1은 1보다 작다. 그렇다면 $1 : -1$의 비가 $-1 : 1$의 비보다 크다고 말할 수 있을까? 그는 물었다. 양수와 음수의 나눗셈 규칙으로 보자면 비의 값은 둘 다 -1이다. $1 : -1$이 $-1 : 1$보다 커야 하는데 같아졌다. 이런 모순은 음수가 0보다 작다는 사실 때문이었다.

그는, 사람들이 음수를 0보다 작은 수라고 생각하는 이유가 수가 점점 작아지면 양수에서 0을 지나 음수가 되기 때문이라고 했다. 그러나 그는 꼭 그런 게 아니라는 걸 보여줬다. $y = x - a$의 그래프와 $y = \dfrac{1}{x-a}$의 그래프를 보자. $y = x - a$ 그래프의 경우 x값이 작아지면서 y값도 같이 작아진다. 0을 지나고 음수값을 갖게 된다. 양수에서 0을 지나 음수로 넘어간다. 그러나 $y = \dfrac{1}{x-a}$ 그래프에서는 그렇지 않다. x값이 작아지면서 y값은 커진다. 그러다 a 근처에서 y값은 무한대가 된다. 더 작아지면 음수로 넘어가는

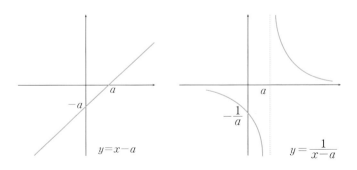

데 0을 거치지 않고 넘어간다. 오히려 무한대를 거쳐서 음수로 내려간다. 양수에서 음수로의 변화가 0을 꼭 거치는 건 아니라는 뜻이다. 이 대목에서 그는 '1÷음수'의 값이 무한대보다 크다는 희한한 결론을 내리게 된다.

아르노는 음수를 포함했을 때의 계산이 얼마나 이상해지는가를, 다른 말로 하면 얼마나 어려운가를 보여준다. 그는 0보다 작은 크기라는 말에 걸려 넘어졌다. 그럴 경우 비나 나눗셈에서 기존의 규칙이 흐트러지고 모순이 발생한다. 음수의 도입으로 말미암아 기존 질서가 무너져버리니 그럴 만도 했다.

새로운 수의 도입으로 말미암아 규칙을 새로 설정할 때 그 규칙이 기존의 질서나 규칙을 깨트려서는 안 된다. 2×3＝6이었는데 음수의 도입으로 2×3＝－6이 되어서는 안 된다. 해석은 달라질 수 있어도 기존의 규칙은 유지되어야 한다. 기존의 규칙과 조화를 이루면서도, 새로운 수를 품을 수 있는 방식으로 규칙이 확장되어야 한다. 음수의 도입이 어려운 이유다.

17세기와 18세기를 거치면서도 음수의 계산문제 앞에서 많은 사람들은 곤란해하고 난감해했다. 1758년 영국의 수학자 프랜시스 메이저스(Francis Maseres)는 음수가 방정식 이론 전체를 혼란케 하고, 성질상 분명하고 단순했던 것들을 어둡게 한다고 주장하기도 했다.

오답에서 정답으로

기호 간의 규칙일 뿐
음수의 계산 규칙을 설명할 때 효과적인 설명 중 하나는 패턴을 확장하는 방법이다. 양수에서의 계산을 통해 패턴을 파악하고, 그 패턴을 음수에까지 확장해가는 것이다. 그러면 기존의 계산 규칙을 허물지도 않고, 음수가 포함된 규칙을 설정하게 된다. 음수 곱하기 음수를 이 같은 방식으로 설명해보자.

$$3 \times 2 = 6 \qquad\qquad (-3) \times 3 = -9$$
$$3 \times 1 = 3 \qquad\qquad (-3) \times 2 = -6$$
$$3 \times 0 = 0 \qquad\qquad (-3) \times 1 = -3$$
$$3 \times (-1) = -3 \qquad\qquad (-3) \times 0 = 0$$
$$3 \times (-2) = -6 \qquad\qquad (-3) \times (-1) = 3$$
$$3 \times (-3) = -9 \qquad\qquad (-3) \times (-2) = 6$$

왼쪽 열을 보면 3에 1만큼 작은 수를 곱할수록 결과는 3만큼 줄어든다. 이 패턴을 0과 음수 쪽으로 밀고 가면 양수 곱하기 음수는 음수가 되어야 한다. 이 결과를 이용해 음수 곱하기 음수를 유도한 게 오른쪽 열이다. (-3)에 1만큼 작은 수를 곱할수록 결과는 3씩 커진다. 이 패턴대로라면 음수 곱하기 음수는 양수가 돼야 한다. 그러나 이 방식 역시 증명은 아니다. 경험적으로 추론하는 것에 불과하다. 양수에서의 패턴이 음수까지 일괄적으로 적용되라는 법은 없다.

음수의 사칙연산을 해결하려는 각종 시도는 완전하지 않았다. 의미로, 수직선으로, 산술적으로 해결하려 했지만 한계가 있거나 미완성이거나 논리적으로 완벽하지 않았다.

17세기를 대표하는 독일의 수학자 라이프니츠도 이 문제를 중요하게 생각했다. 그는 앙투안 아르노의 비판을 인정하면서 음수의 계산문제를 새롭게 다루려고 한 사람이었다. 그는 음수를 크기로 보지 말고, 그저 기호로만 보고 다루라고 했다. 아르노가 망설였던 $\frac{1}{-1}$ 이나 $\frac{-1}{1}$ 모두 기호적인 관점에서 -1이라고 주장했다. 그의 이런 태도는 기호대수학으로 이어졌다. 이런 관점을 계승하고 발전시킨 사람들이 19세기에 활동한 영국의 피콕(George Peacock), 불(George Boole), 드모르간(Augustus De Morgan), 해밀턴(William Rowan Hamilton) 같은 수학자였다. 기호대수학은 한정된 법칙에 따라 기호와 부호를 조합할 뿐이다. 수학을 양이나 수의 과학으로 생각하지 않고 형식적인 법칙으로 다뤘다.

우리가 사용하는 실수는 덧셈과 곱셈에서 몇 가지 성질이 성립한다. 교환법칙, 분배법칙, 결합법칙이 성립하고 항등원과 역원을 갖는다. 그리고 곱셈의 정의도 달라진다. 크기나 의미를 바탕으로 한 정의가 아니다. 기호와 기호 간의 결합을 형식적으로 정의할 뿐이다. 페아노의 공리계에서 곱셈은 두 개의 공리로 정의된다. 의미는 사라지고 형식만 남았다.

$x \times 0 = 0$ (어떤 수에 0을 곱하면 0이 된다.)

$x \times S(y) = (x \times y) + x$ ($S(y)$는 y의 다음 수를 말한다.)

두 번째 식에 $x=1$, $y=0$을 대입해보자. 그러면 $1 \times S(0) = (1 \times 0) + 1$. $S(0)$은 0 다음의 자연수이므로 $S(0) = 1$이다. 고로 $1 \times 1 = 1$이다. $x=1$, $y=1$을 대입하면 $1 \times S(1) = 1 \times 2 = (1 \times 1) + 1 = 2$이다. $x=2$, $y=1$을 대입하면 $2 \times S(1) = 2 \times 2 = (2 \times 1) + 2 = 4$이다. $x=2$, $y=2$를 대입하면 $2 \times S(2) = 2 \times 3 = (2 \times 2) + 2 = 6$이다. 이런 식으로 전개하면 기존 곱셈과

같은 결과가 나온다. 이 곱셈 정의는 자연수에 대한 것이지만, 이 정의를 유리수나 실수로 확장해갈 수 있다. 이렇게 해서 곱셈은 기호 간의 규칙으로 정의된다. 이 곱셈의 역연산이 나눗셈이다.

수와 곱셈에 대한 형식적 정의와 덧셈과 곱셈에 대한 실수의 정의를 바탕으로 하면 $(-1)\times(-1)$이 $+1$임이 증명된다. 수는 최종적으로 크기와 무관한 형식적 기호일 뿐이다. 연산은 그 기호를 다루는 논리적인 규칙이다.

$(-1)\times(-1)=+1$의 증명

어떤 수든 덧셈의 결과가 0이 되게 하는 수인 역원을 반드시 갖고 있다.
어떤 수 1은, 더하면 0이 되는 덧셈에 대한 역원 -1을 갖는다.
즉,

$$1+(-1)=0 \qquad \rightarrow \text{양변에 } -1\text{을 곱한다.}$$
$$\{1+(-1)\}\times(-1)=0\times(-1) \qquad \rightarrow \text{분배법칙을 이용해 좌변을 전개한다.}$$
$$1\times(-1)+(-1)\times(-1)=0\times(-1) \qquad \rightarrow 0\times(-1)\text{은 }0$$
$$1\times(-1)+(-1)\times(-1)=0 \qquad \rightarrow \text{양변에 } 1\times(-1)\text{을 빼준다.}$$
$$(-1)\times(-1)=-\{1\times(-1)\} \quad -①$$

$(-1)\times(-1)$을 알기 위해서는 $-\{1\times(-1)\}$을 알아야 한다. $1\times(-1)$ 값을 구하기 위해

$$1+(-1)=0 \qquad \rightarrow \text{양변에 }1\text{를 곱한다.}$$
$$\{1+(-1)\}\times1=0\times1 \qquad \rightarrow \text{분배법칙을 이용해 좌변을 전개한다.}$$
$$1\times1+(-1)\times1=0\times1 \qquad \rightarrow 0\times1=0$$
$$1\times1+(-1)\times1=0 \qquad \rightarrow \text{양변에 }(-1)\times1\text{을 빼준다.}$$
$$1\times1=0-\{(-1)\times1\} \qquad \rightarrow \text{곱셈의 순서를 바꾼다.}$$
$$=-\{1\times(-1)\} \quad -②$$

②를 ①에 대입한다.
$$(-1)\times(-1)=-\{1\times(-1)\}$$
$$=1\times1$$
$$\therefore (-1)\times(-1)=1\times1=1$$

7장

1은 소수인가 아닌가?

10이 소수인지 아닌지 헷갈리는 이유는 소수의 정의 때문이다. 소수를 어떻게 정의하느냐에 따라서
포함 여부가 달라진다. 우리는 보통 소수를, 1과 자기 자신만을 약수로 갖는 자연수라고 말한다. 간
혹 1보다 큰 수라는 조건이 붙기도 한다. 아예 두 개의 서로 다른 약수를 갖는 수라고 말하기도 한다.
왜 1보다 큰 수여야만 하는 것일까? 1과 자기 자신인 1만을 약수로 갖기에 1도 소수라고 할 수 있는
건 아닐까?

❶ 기원전 5~6세기, 피타고라스학파

피타고라스학파는 1과 2를 수에서 제외시켰다. 수는 3에서부터 시작했다. 1은 모든 수들을 만들어내고 가능하게 하는 수의 기본단위였다. 1은 수가 아니었기에, 소수의 범주 자체에 포함되지 않았다.

❷ 기원전 3~4세기, 유클리드

유클리드는 수와 소수를 정의했다. 소수에 대한 그의 정의는 이후 2,000년 동안 유지되었다. 수는 단위 1이 모인 크기이고, 소수는 그 수의 부분집합이었다. 1은 여전히 수가 아니었다. 여전히 소수에서 제외되었다.

❸ 기원전 2~3세기, 에라토스테네스

에라토스테네스는 특정한 자연수까지의 소수를 찾아내는 방법을 개발했다. 수를 나열한 다음 어떤 수의 배수가 되는 수들을 지워가는 방법이었다. 남는 수가 소수인데, 이 방법을 에라토스테네스의 체라고 한다. 이 방법에서 그는 2의 배수부터 지워갔다. 1은 포함되지 않았다. 1은 소수가 아니었다.

❹ 16세기, 시몬 스테빈

1뿐만 아니라 무리수, 음수, 제곱근 등의 크기를 모두 같은 수로 봐야 한다고 주장했다. 드디어 다른 수들과의 구분이 사라지면서 1은 수에 포함되었다. 1이 소수인지 아닌지를 물을 수 있게 됐다.

❺ 17세기 이후

1을 소수로 본 학자들도 있었다. 반면에 1을 소수로 보지 않고 2를 첫 번째 소수로 본 학자들도 있었다.

❻ 1742년, 골드바흐

골드바흐의 추측으로 유명한 골드바흐는 1을 소수에 포함시켰다. 1742년에 오일러에게 보낸 편지에서 그는 '2보다 큰 모든 정수는 세 소수의 합으로 표현 가능하다'고 했다. 3 이상의 모든 정수를 대상으로 한 것은 1을 소수에 포함시켰기 때문이다. $3 = 1 + 1 + 1$. 그러나 오일러는 1을 소수에서 제외시켰다.

❼ 1909년, 레머

미국의 정수론자인 레머(Derrick Norman Lehmer)는 1909년에 10006721까지의 소수표를 발표했다. 이 소수표는 1로 시작한다. 그러나 수학자들은 점점 1을 소수에서 제외했다. 르베그 적분론을 만든 르베그(Henri Léon Lebesgue, 1875~1941)가 전문 수학자로서, 1을 소수로 간주한 마지막 사람이었다고 한다. 그럼에도 불구하고 1을 소수라고 주장하는 사람들은 여전히 존재한다.

1은 수가 아니다?

피타고라스학파는 1이 소수라고 말하지 않았다. 그러면 1이 소수가 아닌 합성수라고 말한 것일까? 그것도 아니다. 그들은 1이 소수인지 아닌지에 대해서 아예 묻지도 않고, 따지지도 않았다. 1을 소수라고 생각하지 않았다는 의미에서 그들은 달랐다.

'만물은 수'라고 말하면서 자연수에 대해 연구했던 그들은 약수의 개념에 매우 익숙했다. 자기 자신을 제외한 약수들의 합이 자기 자신과 같은 수인 완전수에 대해서도 알았다. 6의 약수는 1, 2, 3, 6인데 6을 제외한 약수들의 합은 6이다. 1＋2＋3＝6. 우애수라고 번역되기도 하는 친화수에 대해서도 알았다. 친화수는 두 수로 이뤄진 한 쌍의 수인데, 자기 자신을 제외한 약수들의 합이 상대 수와 같은 수들이다. 그들은 220과 284가 친화수라는 것을 알았다.

220의 약수의 합(220은 제외)

＝1＋2＋4＋5＋10＋11＋20＋22＋44＋55＋110＝284

284의 약수의 합(284는 제외)＝1＋2＋4＋71＋142＝220

약수의 개념에 익숙했고, 수들의 약수를 이리저리 따져봤던 피타고라스학파가 소수의 존재를 몰랐을 리 없다. 약수의 개수 면에서 특이한 수였기에 관심을 가졌다고 한다. 아쉽게도 소수에 대해 구체적으로 언급한 기록은 남아 있지 않다. 그러나 1에 대한 그들의 생각은 고대 그리스에 그대로 전승된다. 소수에 대한 논의가 생긴 때에도 피타고라스학파의 입장은 유지

된다. 1은 수가 아니었기에, 소수에 대한 논의에서 1은 아예 제외된다.

피타고라스학파에게 수는 3부터 시작된다. 1과 2는 그 수들을 만들어주는 부모와 같았다. 1은 모나드로서 기본이자 근본, 동일성이요 수의 입장에서는 기본단위였다. 1은 수를 만들어내는 원인이지 수가 아니었다. 수란 기본단위인 1이 모여 이뤄지는 것으로, 1의 결과물이었다. 1과 수의 연결고리가 필요한데 그게 2였다. 2는 변화와 다양성, 대립을 상징하는 디아드로서 1이 수가 되는 통로가 되어주었다. 2를 통해 1이 흘러나와 수가 되는데 그 첫 수가 3이다. 1과 2는 수가 아닌, 수와는 격이 다른 존재였다.

1을 수의 범주에서 제외하는 입장은 거의 2,000년가량 지속된다. 1은 소수가 아니었다. 소수인지 아닌지를 따져볼 대상 자체가 아니었다.

피타고라스학파의 정수론자인 티마리다스(Thymaridas, 기원전 400~기원전 350)는 소수를 직선적이라고 묘사했다. 수의 크기만큼의 정사각형을 직사각형 모양으로 표현할 때 소수들은 오직 한 줄의 직선으로만 표시되기 때문이다. 12라는 수를 12개의 정사각형이라 하고, 이 정사각형들을 같은 개수로 묶어 배열하면 다양한 모양이 나온다. 돌렸을 때 중복되는 모양을 제외하면 6개씩 두 줄(또는 2개씩 여섯 줄), 4개씩 세 줄(또는 3개씩 네 줄), 12개씩 한 줄(또는 1개씩 열두 줄)로 배열할 수 있다.

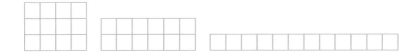

소수들은 오직 한 줄로만 배열된다. 소수가 아닌 수들은 다른 모양으로,

1차원이 아닌 2차원으로 표현 가능하다. 11은 한 줄 이외에 다른 모양으로 배치가 불가능하다. 오직 1차원으로만 표시된다. 소수를 직선적이라고 말한 이유가 이것이다. 소수가 다른 수와 어떤 차이가 나는지를 기하학적으로 잘 보여준다.

이 방법으로 1이란 수를 살펴보면 어떨까? 1은 하나이기에 그냥 그대로다. 한 줄이라지만 다른 수를 표현한 한 줄과는 느낌이 다르다. 역시 1은 수가 아니다. 티마리다스는 1을 소수라고 하지 않고, 크기의 한계치라고 했다.

1, 소수에서 공식적으로 제외되다

수에서 제외된 1은 이후 소수에 대한 공식적인 무대에서 역시 제외된다. 고대 그리스의 수학자 유클리드와 에라토스테네스도 그랬다. 유클리드는 『원론』7권에서 수와 소수를 다음과 같이 정의한다.

> 정의1 : 단위란 존재하는 사물들 각각을 하나라고 불리게 하는 것이다.
> (A unit is that by virtue of which each of the things that exist is called one.)
> 정의2: 수란 단위들로 구성된 크기들이다.
> (A number is a multitude composed of units.)
> 정의11: 소수란 1 단위로만 측정되는 것이다.
> (A prime number is that which is measured by a unit alone.)

유클리드의 정의는 기본적으로 작도를 기반으로 했다. 이 점을 감안하면 앞의 정의들이 보다 쉽게 이해된다. 작도에서 주어진 어떤 길이의 크기가 얼마인가는 단위길이 1에 의해서 결정된다. 단위길이가 정해지면, 그 단

세상을 바꾼 위대한 오답

위길이를 기준으로 하여 구체적인 선분의 길이가 비례에 의해서 결정된다. 단위길이가 세 개 모이는 것과 같으면 그 길이는 3이다. 단위길이를 5등분 한 것의 세 개에 해당하면 그 길이는 $\frac{3}{5}$이다.

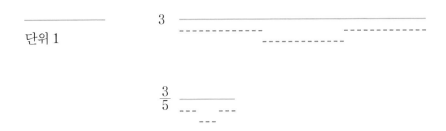

단위 1로 말미암아 구체적인 길이는 크기를 갖게 되고, 수로 표현된다. 단위길이나 단위길이의 일부분으로 몇 번 측정하면 되는가가 수가 된다. 위의 그림을 보자. 왼쪽의 단위 1로 말미암아 수가 만들어진다. 그 단위길이가 여러 개 모인 것들이 오른쪽처럼 수가 된다. 왼쪽에 있는 1의 지위는 오른쪽의 구체적인 수들과 확연히 다르다. 1이 원인이라면, 나머지 수들은 결과다.

유클리드도 이런 맥락에서 1을 수에서 제외했다. 그 결과 1은 소수에서도 제외되었다. 1에 대한 이런 식의 대접은 고대 그리스에서 일반적이었다. 아리스토텔레스 역시 마찬가지였다. 1은 그저 단위였으며, 수가 아니었다.

소수란 어떤 길이가 오직 단위길이로만 측정 가능한 길이에 해당한다. 1이 아닌 그 어떤 길이로도, 3의 길이나 5의 길이로도 측정할 수 없다. 오직 단위길이로만 정확히 나눠 떨어지는 길이다. 2의 경우는 조금씩 달랐다. 어떤 이는 2를 여전히 수에서 제외시켰다. 하지만 어떤 이는 2를 수로 보고, 소수로 간주하기도 했다.

에라토스테네스는 소수가 아닌 수들을 걸러내는 체를 고안했다. 소수란 1과 자기 자신 이외의 어떤 수로도 나눠 떨어지지 않는 수이다. 어떤 수의 배수가 된다면 소수일 리 없다. 배수인 수들을 찾아 없애나간다면 남는 수들이 소수가 된다.

1부터 원하는 수까지를 쭉 나열한다. 맨 앞의 수부터 시작하여 그 수의 배수가 되는 수들을 지워간다. 그럼 1부터 시작하면 될까? 아니다. 1은 수도, 소수도 아니다. 그러니 2부터. 2를 남기고 2의 배수인 수를 지우자. 다음은 3. 3을 남기고 3의 배수인 수를 지우자. 4는 2의 배수에 포함되므로 그냥 넘어간다. 5를 남기고, 5의 배수인 수를 지우자. 이런 식으로 계속 지워나가면 특정 범위 안의 모든 소수를 찾을 수 있다.

에라토스테네스의 체는 2부터 시작한다. 1이 아니다. 1이 소수라면 1을 제외한 모든 수를 지우게 된다. 남는 수가 하나도 없다. 1이 소수에서 제외되는 경향은 고대 그리스 이후까지 이어진다. 5세기의 카펠라(Martianus Capella)는 소수를 그 어떤 수로도 나눠지지 않는 수라면서 소수는 홀수의 부분집합이라고 했다. 그는 2마저도 소수에서 제외했다. 3부터 시작되는 수 중에서 소수는 모두 홀수였기 때문에 그렇게 말했다.

세상을 바꾼 위대한 오답

수라고 다 같은 수가 아니다

소수에서 제외된 1. 그 배경에는 1이 다른 수와 다르다는 생각이 깔려 있었다. 1은 기준이었고, 이 기준이 구체적으로 적용된 것들이 수였다. 그러니 1과 1 이외의 수를 같다고 보지 않았다. 수라고 해서 다 같은 수가 아니었다. 수들 간에 차이를 두던 사고방식은 근대 이전에 어디서나 찾아볼 수 있었다. 범위나 방식은 달랐지만 수를 동일하게 보지 않았다는 점에서 공통적이었다. 수는 여러 가지 색깔이 어우러진 무지개와 같았다.

각각의 수에 다른 의미를 부여해주던 방식이 대표적이다. 1은 흔히 완전, 시작, 통일성으로 본다. 2는 대립, 극단, 갈등이다. 3은 1과 2의 합이듯, 조화와 균형을 상징한다. 기독교의 성삼위일체가 이런 3의 의미를 잘 활용한 경우다. 우리 주변에서 4를 부정하다고 여겨 4를 영어 four의 F로 표기하는 것도 이에 해당한다. 신화나 동화는 사람 수나 배경, 스토리 설정을 할 때 이런 수의 의미를 고려하곤 한다.

1과 나머지 수가 다르다는 관념 때문에 1은 수도, 소수도 아니었다. 수를 통해 세상을 철학적으로 설명하려다 보니 그리 구분할 수밖에 없었다. 지금의 우리와는 아주 다른 사고방식이었다. 지금 우리에게 수란 그저 크기를 나타내는 기호일 뿐이다. 크기만 다를 뿐 같은 수이다. 수란 단조로운 색깔을 지닌, 심하게 말하면 무미건조한 도구에 불과하다.

1을 수에서 제외하고 소수를 보면, 소수에 왜 prime이란 단어를 사용했는지 분명히 알게 된다. prime은 '주요한, 기본적인, 뛰어난, 전형적인' 등의 뜻이 있다. 소수란 기본적이면서 중요한 수라는 뜻이다.

에라토스테네스의 체를 생각해보라. 모든 배수를 제거하고 남은 수들은 그 어떤 수의 곱으로도 표현되지 않는다. 오직 단위 1 또는 자신을 통해서만 자신을 드러낸다. 8이 2의 배수라고 말하면 8은 2를 통해서 설명 가능하다. 8은 2의 확장판이다. 그러나 11은 그 어떤 수와의 관계로도 설명되지 않는다. 오직 11로만 자신을 나타낸다. 소수란 자기 자신으로만 이해 가능하고 존재를 드러내는 수이다. 그래서 prime이다. 기본적이고, 고유하며, 유일하다.

소수의 고유함은 작도를 통해서도 명쾌하게 드러난다. 소수란 기본단위인 1 이외에 어떤 길이로도 측정 불가능하다. 11이라는 길이를 2로 측정하면 다섯 번 하고 1이 남는다. 3으로 하면 2가 남고, 4로는 3이, 5로 하면 1이, 6으로는 5가, 7로는 4가, 8로는 3이, 9로는 2가, 10으로는 1이 남는다. 다른 길이로는 측정 불가능이다. 오직 1 또는 자기 자신으로만 측정할 수 있다.

1을 수에 포함시켜 생각할 경우 소수의 고유한 성질은 애매해진다. 1 하나만 있다면 모든 수를 만들어낼 수 있으니 1만이 prime number라고 말해야 옳을 듯하다. 다행히(?) 1은 수가 아니었다. 그 결과 소수는 소수로 남을 수 있었다.

모든 수는 같은 수이다

1과 다른 수 사이의 본질적인 구분은 근대에 들어서면서 흐려지기 시작한다. 16세기의 수학자 시몬 스테빈이 큰 역할을 했다. 그는 10진법을 기반으로 한 소수(decimal)의 발명과 보급으로 특히 유명하다. 그는 계산으로 인한 고통, 오류, 손실과 어려움으로부터 벗어날 수 있다며 3.14 같은 소수를 적극 권장했다. 그런데 소수에 대한 그의 지지에는 수에 대한 다른 관념이 깔려 있었다. 1585년에 발간된 『10분의 1De Thiende』을 통해 그는 새로운 관점과 그에 맞는 대안을 제안했다.

스테빈의 『10분의 1』(1585)

스테빈이 살던 당대에는 여러 가지 수들이 존재했다. 자연수와 분수는 기본이었고, 제곱근 √ 와 0, 음수, 무리수 등이 소개되었다. 그러나 보이는 크기가 수라는 관념이 강했던 서양에서는 0이나 음수를 꺼렸다. 무리수의 경우 그 존재는 알았지만 마땅히 수로 표현해내지 못했다. 여러 수들이 달리 구분되어 있었다. 수가 크기로, 크기가 수로 적절하게 변환되지 못했다. 하나로 어우러지지 못한 채 여기저기 존재했다.

스테빈은 이 모든 크기들을 동일한 수로 봐야 한다고 주장했다. 이런 주장을 바탕으로 그는 모든 수를 10진법 기반의 소수로 표시하자고 제안했다. 소수의 등장과 발전, 보급으로 말미암아 모든 수는 동일한 형태로 표시되었다. 분수도, 무리수도, 음수마저도 동일한 방식인 소수로 표기되면서 모든 수들은 크기만 다를 뿐 같은 수가 되었다. 차이로써 구분되어 있던 수들이 동질화되어 같은 수가 되었다.

1. 수에 포함되면서 소수인지 묻게 되다

1의 지위에도 변화의 바람은 어김없이 불었다. 다른 수와는 구분되어 있던 1도 이제는 다른 수들과 같은 수가 되었다. 1도 드디어 수에 포함되었다. 그럼으로써 '1도 소수인가'라는 질문이 비로소 제기될 수 있었다. 1이 소수인가 아닌가에 대한 논의가 가능해졌다.

수들이 모두 같다고 주장했다고 하더라도 수의 위상과 이미지가 하루아침에 달라지지는 않았을 것이다. 수학자 한두 사람이 외친다고 세상이 그리 확확 바뀌겠는가. 어떤 이들은 기존의 관성대로 1을 소수로 보지 않았을 것이다. 그 틈바구니 속에서 1도 수이며, 더군다나 소수라는 주장이 제기되었다. 다른 수에 의해 나눠지지 않기에 소수로 볼 수 있다는 사람들이 생겨났다.

역사적으로도 1을 소수로 본 사람도 있었고, 여전히 소수로 보지 않았던 사람도 있었다. 1을 소수에 포함시킨 사람들로는 브랜커(M. Brancker) · 펠(John Pell)(1668), 월리스(F. Wallis)(1685), 크루거(G. S. Krüger)(1746), 빌리히(M. L. Willich)(1759), 카유(N. Caille) · 쉐르퍼(K. Scherffer)(1762), 람베르트(J. H. Lambert)(1770), 펠켈(A. Felkel)(1776), 워링(E. Waring)(1782), 로젤(A. G. Rosell)(1785), 뷔리아(A. Bürja)(1786) 등이 있다. 반면 1을 소수에 포함시키지 않고 2를 소수의 시작으로 본 사람은 슐텐(F. Schooten)(1657), 샤를(C. Chales)(1690), 오자남(J. Ozanam)(1691), 브뤼노(F. Brunot)(1723), 코르테스(J. Cortes)(1724), 레노(C. R. Reyneau)(1739), 호슬리(S. Horsley)(1772) 등이다.[*]

---

[*] Angela Reddick and Yeng Xiong, "The search for one as a prime number", 2012, 7쪽.

세상을 바꾼 위대한 오답

1의 소수 여부, 그다지 중요하지 않았다

1이 소수인가를 두고 의견이 분분한 데에는 1의 소수 여부가 그 당시 그렇게 중요한 문제가 아니었기 때문이다. 사람들의 관심은 다른 데 있었다.

당시 소수에 대한 관심은 주로 인수분해와 관련 있었다. 인수분해란 어떤 수를 소수들의 곱으로 쪼개는 것이다. 143은 11×13으로 쪼개진다. 고로 143은 소수가 아니다. 이런 경우 143이 1로 나눠지느냐 안 나눠지느냐는 별로 문제되지 않는다. 어차피 모든 수는 1로 나눠진다. 1이 아닌 다른 수로 나눠지느냐가 문제였다. 1의 소수 여부는 그다지 중요한 이슈가 아니었다.

소인수분해는 16세기에 새로 등장한 로그의 계산과정에서도 매우 유용했다. 로그는 존 네이피어가 큰 수들의 계산을 쉽게 하기 위해 고안했다. 로그에서는 곱셈이 덧셈으로 바뀔 수 있다. 그러면 계산이 훨씬 쉬워진다.

로그계산에서 소인수분해는 꼭 거쳐야 하는 과정이다. 그래서 어떤 수가 약수인지의 여부가 중요했다. 1이 소수인가 아닌가는 관심사가 아니었다. 관점과 입장에 따라 1을 소수로 보기도 하고, 1을 소수에서 배제했다. 이런 사정을 잘 보여주는 기록이 골드바흐와 오일러 사이에 오고 간 편지였다.

골드바흐는 아직도 풀리지 않은 문제인 '골드바흐의 추측'을 생각해낸 사람이다. 이 추측은 '2보다 큰 모든 짝수를 두 소수의 합으로 표현할 수 있다'는 것이다. 이때 두 소수는 같아도 된다. 여러 짝수를 예로 들어 확인해 보면 정말 두 소수의 합으로 짝수는 표현된다. 아직까지 이 추측을 벗어난 예를 찾지도 못했을 정도다.

$$4=2+2, \; 50=3+47, \; 102=5+97, \cdots$$

15×7이 얼마인지 계산해보자. 물론 곱셈을 이용해 하나하나 진행하면 된다. 하지만 그 수가 1157×6433207처럼 더 커진다면 일반적인 곱셈으로는 어렵고 복잡하다. 로그표를 활용해 쉽게 계산해보자. 로그에서 곱하는 두 수는 로그의 합이 된다($logab = loga + logb$)는 점을 이용한다.

$log(15 \times 7) = log15 + log7 \;\rightarrow\; 15 = 3 \times 5$로 바꾼다.

$\qquad\quad = log3 + log5 + log7 \;\rightarrow\;$ 로그값으로 바꾼다.

$\qquad\quad = 0.4771 + 0.6990 + 0.8451$

$\qquad\quad = 2.0212$

$\qquad\quad = 2 + 0.0212 \;\rightarrow\; 0.0212$가 어떤 수에 대한 로그값인지를 찾는다.

$\qquad\quad = log100 + log1.05 \;\rightarrow\;$ 로그의 합을 곱셈으로 바꾼다.

$\qquad\quad = log105$

$\therefore\; 15 \times 7 = 105$

(소인수분해를 알면 곱셈이 쉬워진다.)

1742년 이 사실을 알게 된 골드바흐는 당대의 유명한 수학자인 오일러에게 편지를 보냈다. 정말 그런지 확인해달라고 부탁하는 내용이었다. 그는 편지에서 2보다 큰 모든 정수는 세 소수의 합으로 표현 가능하다고 했다. 3 이상의 모든 자연수를 세 소수로 쪼갤 수 있다는 뜻이다. 이 추측에는 3도 포함된다. 그러려면 $3 = 1 + 1 + 1$로 표현되지 않고서는 안 된다. 골드바흐는 1을 소수로 봤다. 편지를 받은 오일러는 골드바흐의 추측이 2보다 큰 짝수가 두 소수의 합으로 표현된다는 것과 같다는 걸 알았다. 2보다 크다고 했으니 2는 포함되지 않는다. 그가 만약 1을 소수로 봤다면 $2 = 1 + 1$이므로 2도 포함했을 것이다. 그러나 그는 1을 소수로 생각하지 않았다.

1이 소수인가 아닌가의 문제는 중요한 문제가 아니었다. 필요와 입장에 따라 1을 소수에 넣기도 하고 빼기도 했다. 자의적이고 임의적이었다. 공통의 약속이란 게 없었다.

정리의 아름다움을 위해 1을 소수에서 빼자

가우스는 1801년에 1의 소수 여부와 관련 있는 중요한 정리를 발표한다. 산술의 기본정리로 알려진 이 정리는 '1보다 큰 자연수는 소수들의 곱으로 나타낼 수 있는데, 소수들을 곱하는 순서를 무시하면 그 표현 방법이 유일하다'이다. 180을 소수의 곱으로 나타내보자.

$$180 = 18 \times 10 = (3 \times 6) \times (2 \times 5)$$
$$= 3 \times 2 \times 3 \times 2 \times 5 = 2^2 \times 3^2 \times 5$$

180은 $2^2 \times 3^2 \times 5$으로 인수분해되는데 이 형태 말고 다른 형태는 없다. 이것이 유일하다. 산술의 기본정리가 말하는 바다.

그런데 1이 소수라고 하면 산술의 기본정리는 성립하지 않는다. 1은 1의 제곱도, 1의 세제곱도 모두 1이다. 어떤 수에 1을 곱하나, 1의 100제곱을 곱하나 결과적인 크

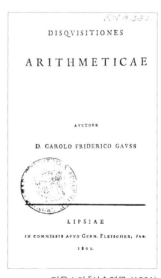

———— 가우스의 『산술연구』(1801)

기는 바뀌지 않는다. 고로 1을 소수로 보고 180을 소인수분해할 경우 다양한 형태가 가능해진다.

$$180 = 1 \times 2^2 \times 3^2 \times 5$$
$$= 1^5 \times 2^2 \times 3^2 \times 5$$
$$= 1^{100} \times 2^2 \times 3^2 \times 5$$

180이라는 크기에는 변함이 없다. 하지만 소인수분해된 형태는 각각이 다르다. 1을 소수로 포함할 경우 소인수분해는 무한히 많은 형태로 가능해진다. 오직 하나로 결정되지 않는다. 산술의 기본정리는 깨져버린다. 1의 포함 여부에 따라 산술의 기본정리의 운명은 하늘과 땅만큼 차이가 나게 된다.

가능한 선택지는 두 개다. 1을 소수에 포함시키는 수학, 1을 소수에서 빼버리는 수학!

1을 소수에 포함하면 효과는 즉시 나타난다. 모든 수들은 한 가지 형태로만 인수분해되지 않는다. 산술의 기본정리가 깨진다. 에라토스테네스의 체에서 변화는 뚜렷하다. 1이 소수라면 1의 배수들은 다 지워야 한다. 1이 아닌 모든 수들은 1의 배수이니 모두 사라지게 된다. 1만 남게 된다. 약수의 개수를 구할 때 사용하는 공식에도 문제가 발생한다. $2^3 \times 3^2 \times 7^3$으로 인수분해되는 수의 경우 약수의 개수는 보통 $(3+1) \times (2+1) \times (3+1)$이란 식으로 구한다. 하지만 1이 소수에 포함되면 인수분해의 식이 다양해져 공식에 의한 약수의 개수가 달라진다. 공식대로라면 $1^3 \times 2^3 \times 3^2 \times 7^3$과 $1^4 \times 2^3 \times 3^2 \times 7^3$의 약수의 개수는 다르다. 같은 수에 대해 약수의 개수가 여러 개 나오는 이상한 일이 벌어진다. 공식은 무용지물이 돼버린다.

1이 소수에 포함되는 순간, 버리거나 놓쳐야 할 것들이 많다. 모든 자연수들의 공통된 특성을 설명해주는 산술의 기본정리를 포기해야 한다는 건 치명적이다. 잃는 것에 비해 얻는 것은 겨우 하나다. 1도 소수라는 것 하나뿐이다. 그 하나를 위해서 정리와 공식, 간결함 등을 잃는다는 건 엄청난 손해다. 결국 수학은 1을 포기한다.

'1은 소수가 아니다.' 이건 증명된 정리도, 증명이 필요 없는 공리도 아니다. 수학의 아름다움과 풍성함을 위해 바쳐진 희생양이다. 1을 소수에서 제외하자는 공식적인 모임이나 합의가 있었던 것도 아니다. 긴 시간을 두고 조금씩 동의해갔다. 그러다 보니 1을 여전히 소수라고 보는 수학자들도 있었다. 20세기 초에 발간된 소수표가 1로 시작한다는 건 1의 소수 여부가 단박에 정리된 게 아니었음을 보여준다. 어떤 수학자는 소수에 대한 정의와 1의 소수 여부가 지금처럼 정해진 것은 학생들의 교과서 때문이라고 한다. 학자들이야 소신껏 생각하고 자기 주장을 내세울 수 있지만 교과서는 그럴 수 없다. 소수의 정의와 개념을 명확하고 분명하게 제시하려다 보니 지금처럼 정립된 것이라는 설명도 있다.

1이 소수에 포함되어야 한다고 생각하는 사람은 현재까지도 존재한다. 헷갈리지 않도록 소수의 정의를 더 명확히 규정하기도 했다. 1을 소수에서 제외하기 위해 소수의 범위를 1보다 큰 수로 정하는가 하면, 서로 다른 약수 두 개만을 갖는 수라고 정의하기도 한다.

오랜 기간 동안 수에서 제외되었

1909년 미국 수학자 레머가 발표한 소수표에는 1이 포함되어 있다.

다가 수에 편입되면서 소수로 인정받았던 1. 그 1은 다시금 소수에서 제외
되었다. 타고난 운명이었던 듯하다.

음수나 복소수까지 소수를 확장할 수 있을까?

소수는 일반적으로 자연수를 대상으로 한다. 그런데 꼭 그렇게 해야만
할까? 그 대상을 음수나 무리수, 허수의 세계까지 확장하는 게 가능할까?
음수 소수, 복소수 소수가 존재할까? 소수가 자연수만을 대상으로 하라는
법은 어디에도 없다. 소수의 개념을 적절하게 개선해간다면 소수의 범위를
자연수 너머까지 확장시킬 수 있다. 음수 소수, 복소수 소수가 존재할 수 있
도록 소수를 달리 정의하면 된다.

자연수의 범위에서 소수는 1과 자기 자신만을 약수로 갖는 수였다. 소수
의 기존 정의대로라면 수의 범위를 정수로 확장하더라도 소수는 2, 3, 5, 7,
…과 같은 자연수들이다. 그런데 정수에서 양수와 음수는 부호만 차이 날
뿐 다른 게 없다. 3을 소수라고 하면서 −3을 소수가 아니라고 할 만큼의
본질적인 차이가 두 수에 존재하지 않는다. −3도 소수로 볼 여지가 있다.
−3을 소수로 보기 위해서는 소수의 정의를 바꾸면 된다.

자연수에서의 소수 정의를 다시 묵상해보자. 1과 자기 자신만을 약수로
갖는 수라고 할 때, 자기 자신은 모든 수에 적용되니 달리 해석할 여지가 없
다. 그렇다면 1을 달리 해석해볼 필요가 있다. 1을 1이 아닌 어떤 수라고 생
각하면, 소수란 어떤 수와 자기 자신의 곱으로 표현되는 수이다. 자연수에
서는 어떤 수가 1이다. 정수는 자연수에 비해 음의 영역이 추가된 수이다. 1
과 반대되는 수인 −1이 소수의 정의에 포함될 법하다. 1 또는 −1의 곱만
으로 표현되는 수를 소수라고 하면 어떠할까? 그러면 3도 −3도 소수이다.

$1\times3=(-1)\times(-3)=3$, $1\times(-3)=(-1)\times3=-3$처럼 1과 -1의 곱 이외에 가능한 곱이 없다.

정수로 확장할 경우 소수는 자연수에서의 소수와 그 소수에 음의 부호를 붙인 수이다. 대신 정의를 정수에 걸맞게 바꾼다. 1과 -1을 정수의 범위에서 단위로 본다. 1은 자연수의 단위이고, 1과 -1은 정수의 단위이다. 소수의 정의는 아래처럼 바뀐다.

소수란, 단위를 포함한 곱으로만 인수분해되는 수다.

새로운 소수의 정의를 토대로 하면 소수의 범위를 복소수까지 확장하는 것도 가능하다. 복소수에서의 단위는 1, -1, i, $-i$ 총 네 개다. 이 네 가지 단위로만 인수분해되는 수가 소수다. $1+i$는 소수다. 단위를 포함한 형태로만 인수분해되기 때문이다.

$$1+i=(1+i)\times1=-(1+i)\times(-1)=i\times(1-i)=-i\times-(1-i)$$

복소수의 범위로 확장할 경우, 기존에 소수로 여겨지던 수들 중에서 소수에서 제외되는 수들이 발생하기도 한다. 13은 자연수에서 소수였다. 그러나 복소수의 경우 $13=(2+3i)(2-3i)$로도 인수분해된다. 단위가 없는 형태로도 인수분해되기에 13은 복소수의 범위에서 소수가 아니다.

$$(2+3i)(2-3i)=2^2-(3i)^2=4-9i^2=4+9=13$$

1을 소수에서 제외하는 건 소수를 복소수의 범위로 확장해 생각해보면 더 타당하다. 소수는 단위의 곱으로만 인수분해되는 수라고 할 때 단위는 별도로 분류하는 게 더 합리적이다. 1은 그 단위에 속하는 하나의 수이다.

소수의 확장 또는 추상화의 과정을 고려하면 1을 소수에서 제외하는 게 더 자연스럽다.

1은 비록 소수에서 제외되었지만 단위라는 별도의 카테고리에 속하는 수로 인정받았다. 가만! 소수의 역사 초기에서 1이 제외되었던 이유는 바로 1은 단위이지 수가 아니라는 이유였다. 그랬던 1이 결국 단위라는 카테고리로 빠지면서 소수에서도 빠졌다. 돌고 돌아 제자리로 온 셈이다. 이 역시 타고난 운명?

세상을 바꾼 위대한 오답

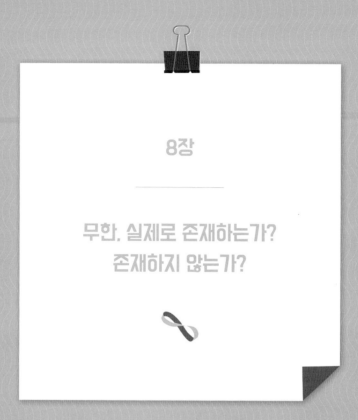

8장

무한, 실제로 존재하는가?
존재하지 않는가?

무한이라고 하면 보통 끝없이 크고 많은 무언가를 말한다. 그러나 우리가 무한을 말한다지만 직접 보거나 접한 적은 없다. 광대한 우주나 무수한 모래알도 클 뿐이지 무한은 아니다. 그림이나 음악으로도 무한을 표현하지 못한다. 오직 말뿐이다. 무한, 말이 있으니 실제로도 존재하는 것일까? 아니면 말뿐이지 실체는 없는 것일까? 무한이란 무엇이며, 어떤 성질을 지니고 있을까? 무한을 통한 사고를 인정할 수 있을까?

❶ 고대 메소포타미아

고대 메소포타미아인의 유물 중에는 수표가 많다. 그중에는 자연수 n에 대한 역수$\left(\dfrac{1}{n}\right)$표가 있다. 그들은 60진법으로 역수의 값을 표시해놓았다. 그런데 7과 11의 경우는 빠져 있다. $\dfrac{1}{7}$ 과 $\dfrac{1}{11}$의 값이 딱 떨어지지 않기 때문이다. 두 경우는 유한소수가 아니라 무한소수이다. 무한과 마주쳤으나 그들은 무한을 빼버렸다.

자연수	역수 값	
2	30	$\left(=\dfrac{30}{60}\right)$
3	20	$\left(=\dfrac{20}{60}\right)$
4	15	$\left(=\dfrac{15}{60}\right)$
5	12	$\left(=\dfrac{12}{60}\right)$
6	10	$\left(=\dfrac{10}{60}\right)$
8	7,30	$\left(=\dfrac{7}{60}+\dfrac{30}{60^2}\right)$
9	6,40	$\left(=\dfrac{6}{60}+\dfrac{40}{60^2}\right)$
10	6	$\left(=\dfrac{6}{60}\right)$
12	5	$\left(=\dfrac{5}{60}\right)$

❷ 기원전 5~6세기, 피타고라스학파

피타고라스학파는 그들의 수 체계인 유리수 바깥에 존재하는 수인 $\sqrt{2}$나 $\sqrt{5}$를 발견했다. 피타고라스 정리나 황금비를 통해 알아냈을 것으로 보인다. 두 수는 모두 유리수가 아니다. 정확한 값을 모른다. 두 수에 무한히 근접하는 유리수를 찾을 수 있을 뿐이다. 여기서 그들은 무한과 마주쳤다. 그러나 무리수의 발견을 묻어버린다. 피타고라스의 한 제자, 히파소스는 무리수를 세상에 알린 대가로 목숨을 잃었다.

❸ 기원전 5세기, 제논

제논은 자신이 속한 엘레아학파의 철학을 논증하기 위해 역설을 만들었다. 운동을 시작할 수 없다는 이분법의 역설을 보자.

A에서 B로 이동하려면 거리의 절반인 $\frac{1}{2}$ 지점을 먼저 지나야 한다. 그리고 $\frac{1}{2}$ 지점을 지나려면 $\frac{1}{2}$의 절반인 $\frac{1}{4}$ 지점을 또 먼저 지나야 한다. 이런 식으로 $\frac{1}{4}$ 지점을 지나려면 $\frac{1}{8}$ 지점을, $\frac{1}{8}$을 지나려면 $\frac{1}{16}$ 지점을 먼저 지나야 한다. 이 과정은 무한히 반복된다. 먼저 지나야 할 절반 지점은 무한히 많다. 고로 A에서 B로 가 닿을 수 없다. 운동조차 시작할 수 없다. 말도 안 되는 결론이다.

　이 역설에도 무한은 등장한다. 그리스인들은 이 역설의 문제점을 밝히지 못했다. 무한이 개입되면 뭔가 이상한 문제가 발생했다.

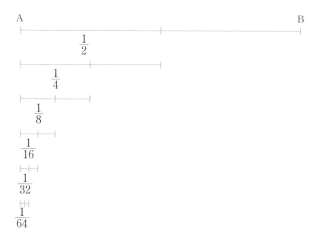

기원전 3세기, 유클리드

유클리드는 『원론』에서 무한이라는 표현을 쓰지 않았다. 주어진 유한보다 더 크다거나, 얼마든지 원하는 만큼 유한을 늘릴 수 있다고 표현했다. 무한이 아닌 유한을 사용해 정의하고 증명했다.

　: 『원론』 1권 공리2. 주어진 선분을 계속 연장하여 (유한한) 직선을 만들 수 있다. (To produce a finite straight line continuously in a straight line.)

　: 『원론』 9권 정리20. 소수는 부여된 어떤 개수보다 더 많다. (Prime numbers are more than any assigned multitude of prime numbers.)

⑤ 중세

중세 기독교 신학자들은 신을 실제로 존재하는 무한이라고 생각했다. 반면에 인간은 유한한 존재다. 신과 인간이 명확하게 구별되어 있듯이 무한과 유한은 구분되어 있었다. 인간이 신을 이해할 수 없듯이, 유한적인 사고로 무한을 이해할 수는 없다. 무한은 인식과 이해의 지평 너머에 있었다.

⑥ 13세기 후반, 둔스 스코투스

원이 무한히 많은 점으로 구성되었다고 말하는 것은 정확하지 않다. 그럴 경우 둘레가 다른 두 원의 점의 개수 또한 같아져버린다. 두 원의 점을 그림과 같이 하나씩 모두 대응시킬 수 있기 때문이다. 둘레가 다른데 점의 개수가 같다고 말하는 건 모순적이다.

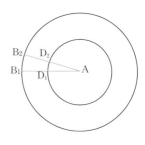

⑦ 15세기, 쿠사의 니콜라스

반지름을 무한히 늘려 원을 그릴 경우 곡선은 거의 직선이 돼버린다. 무한의 세계에서 곡선과 직선의 대립은 사라지고 일치한다. 다각형이 원이 될 수는 없듯이, 인간의 유한적인 사고로 무한을 완전히 이해할 수는 없다. 그러나 다각형의 변의 개수를 늘려가면서 원에 다가가듯이, 인간은 무한을 이해해갈 수 있다. 무한인 우주나 신에게 끊임없이 다가가는 게 가능하다.

⑧ 17세기, 갈릴레오 갈릴레이

둘레가 다른 두 원에 같은 점의 개수가 있다는 스코투스의 역설을 다뤘다. 무한히 작은 간격을 무한히 많이 삽입해줌으로써 작은 원과 큰 원의 둘레 차이문제를 해결하려 했다. 그는 자연수(1, 2, 3, 4, …)와 자연수의 제곱수(1, 4, 9, 16, …)를 비교했다. 제곱수가 비록 자연수의 일부이기는 하지만 무한의 세계에서 둘은 일대일 대응을 한다. 무한의 세계에서는 유한의 세계처럼 어느 것이 더 크거나 작다고 말할 수 없다. 무한에서의 규칙은 유한과 다르다.

⑨ 서양, 17세기 이후

현실에서 여러 가지 문제를 해결하기 위해 무한이 사용됐다. 원근법에서는 기찻길과 같은 평행한 두 선이 만나는 무한원점을 상정했다. 십진분수를 기반으로 한 십진소수가 사용되며 무한소수도 사용되었다. $\frac{1}{0}$ 의 크기를 무한대라고도 했으며, 미분에서는 무한히 작은 크기인 무한소를, 적분에서는 무한 개 항의 합을 이용해 문제를 해결했다. 존 월리스는 무한을 상징하는 기호 ∞를 고안했고 무한에 관한 계산도 다뤘다. 그러나 무한의 개념과 의미는 여전히 불명확했으며 모호했다.

무한소수인 분수를 빼버리다

우리는 어디에서 무한을 접할 수 있나? 바닷가의 셀 수 없이 많은 모래 알, 그 정도로 많다는 것이지 무한하지는 않다. 밤하늘의 별 역시 너무 많아 세기 어렵다는 말이다. 일상의 사물이나 현상을 통해서 무한을 맞닥뜨리는 경우는 없다. 무한히 많은 사물이나 무한히 큰 물건은 없다. 그러나 수학에 서는 의외로 쉽게 무한과 마주친다. 그 마주침의 역사는 아주 오래 전부터 시작됐다.

고대 메소포타미아인들이 무한과 마주친 경험은 그들의 점토판에 남아 있다. ❶은 역수 값을 표시해놓은 수표다. $\frac{1}{n}$ 값을 0.1, 0.32와 같은 소수 형 식으로 표현해놓았다.

자연수	역수 값
2	$30\left(=\frac{30}{60}\right)$
3	$20\left(=\frac{20}{60}\right)$
4	$15\left(=\frac{15}{60}\right)$
5	$12\left(=\frac{12}{60}\right)$
6	$10\left(=\frac{10}{60}\right)$
8	$7,30\left(=\frac{7}{60}+\frac{30}{60^2}\right)$
9	$6,40\left(=\frac{6}{60}+\frac{40}{60^2}\right)$
10	$6\left(=\frac{6}{60}\right)$
12	$5\left(=\frac{5}{60}\right)$

좌측 열은 자연수 n이고, 오른쪽 열은 그 자연수의 역수 값을 60진법 소수로 표현한 것이다. 2의 역수 값을 30이라고 한 건 $\frac{1}{60}$이 30개라는 뜻이다. $\frac{30}{60}$이니 $\frac{1}{2}$이다. 3에 대해서는 20, 즉 $\frac{1}{60}$이 20개인 $\frac{20}{60}\left(=\frac{1}{3}\right)$과 같다. 첫째 열과 둘째 열의 수를 곱하면 60이 된다.

그런데 이 표에 $\frac{1}{7}$과 $\frac{1}{11}$은 빠져 있다. 우연한 실수인지, 의도적인지 그들은 아무 말도 남겨놓지 않았다. 어느 경우인지 가늠해보기 위해 $\frac{1}{7}$과 $\frac{1}{11}$에 해당하는 값을 구해보자. 두 열의 수를 곱한 값이 60이라는 점을 이용하면 쉽게 구할 수 있다.

$$7 \times \square = 60 \qquad \rightarrow \qquad \square = 60 \div 7 = 8.57142857141\cdots$$

$$11 \times \square = 60 \qquad \rightarrow \qquad \square = 60 \div 11 = 5.45454545\cdots$$

7이나 11의 역수 값을 기록하려면 무한이 이어지는 값을 적어야 한다. 두 수가 60진법에서 유한소수가 아닌 무한소수이기 때문이다. 두 수는 10진법인 아라비아 숫자 체계에서도 무한소수이다. $\frac{1}{7}$은 0.142857142857$\cdots$, $\frac{1}{11}$은 0.090909$\cdots$이다. $\frac{1}{7}$은 142857이 반복되고, $\frac{1}{11}$은 09가 무한히 반복된다.

메소포타미아인들이 $\frac{1}{7}$, $\frac{1}{11}$이 무한소수라는 걸 알았을까? 그들의 계산능력은 충분했다. 다른 표에서 $\sqrt{2}$에 해당하는 값에 대해서 소수 다섯째 자리까지 정확한 값 1.414212963을 기록해놓았다. 그들은 꽤나 정밀하게 계산할 수 있었다. 그런데도 $\frac{1}{7}$과 $\frac{1}{11}$의 역수 값을 빼버렸다. 정확한 값이 아닌 근사값이라도 적어놓을 수 있었을 텐데 말이다. 의도적인 삭제였다. 그들은 $\frac{1}{7}$과 $\frac{1}{11}$의 역수 값을 유한 값으로 확정하지 못했다. 그들의 계산능력을 벗어난 문제였을까? 무한소수라는 것을 알았을 수도 있다. 무한 또는 유한의 너머까지 이르렀던 게 확실하다. 그 무한의 심연 앞에서 어쩔 줄 몰라 했고, 그 당황스러움을 감추려 두 수를 빼버린 건 아닐까?

유리수를 위해 무리수를 인정하지 않다

기원전 5~6세기 고대 그리스의 피타고라스학파 역시 무한과 마주쳤다. 그들이 마주친 무한은 역수가 아니었다. 그들은 모든 수를 자연수나 분수(자연수와 자연수의 비)로 표현했기에 소수와 마주칠 이유가 없었다. 그들이 맞닥트린 무한은 분수로 나타낼 수 없는 제곱근 무리수였다.

$\sqrt{2}$ 또는 $\sqrt{5}$가 피타고라스학파가 마주친 무한이었다. 그들은 이 수를 그들의 최대 자랑거리인 피타고라스의 정리나 정오각형의 황금비로부터 발견했다. 가장 심오한 지식 안에 무한이 담겨 있었다. $\sqrt{2}$는 한 변의 길이가 1인 정사각형의 빗변의 길이로부터 튀어나왔다. 피타고라스 정리에 따라 빗변의 길이 x는 $x^2 = 1^2 + 1^2$을 만족해야 했다. 이 식으로부터 $x = \sqrt{2}$라는 결론이 나온다. $\sqrt{2}$는 분수가 아니었다. $\sqrt{5}$는 그들이 상징으로 사용했던 정오각형의 대각선에서 등장했다. 정오각형을 정확하게 작도하려면 한 변과 대각선의 길이의 비를 알아야 한다. 한 변의 길이를 1이라고 할 때 대각선의 길이는 얼마인지 알아야 한다. 그들은 이 값을 알아냈다. 그 값이 황금비로 알려진 $\frac{1+\sqrt{5}}{2}$이다.

$\sqrt{2}$나 $\sqrt{5}$는 분수가 아니다. 그 값을 정확하게 알 수 없다. 할 수 있는 유일한 길은 가장 근접한 분수를 추적해가는 것뿐이다. 그러나 그 길은 끝나지 않는다. 어떤 수에 무한히 근접해갈 뿐이다. 무한과 맞닥뜨린 그들도 당황스럽기는 마찬가지였다. 그들은 무리수를 묻어버리고자 했다. 이 수에 관한 비밀을 폭로하려 했던 제자를 암살하기까지 하면서 말이다.

무한, 유한의 현실을 무너뜨리다

피타고라스학파와 동시대를 살았던 제논은 견고했던 유한의 세계를 왈칵 뒤흔든 철학자였다. 그는 세상이 무한히 분할 가능하다는 주장이 얼마나 어처구니 없는 결과를 초래하는지, 얼마나 모순적인지 보여주려 했다. 그중의 하나가 이분법의 역설이다.

우리가 어느 지점을 가려면 절반인 지점을 먼저 지나가야 한다. 그런데 공간을 무한하게 쪼갤 수 있다면 먼저 스쳐 지나쳐야 할 절반 지점은 무한히 많다. 무한히 많은 지점을 스쳐 지나가려면 무한히 많은 시간이 걸린다. 무한히 많은 절반 지점을 지나느라 가려 했던 지점에 닿을 수 없다. 아예 발걸음을 떼지도 못한다는 역설마저 성립한다.

이분법의 역설은 공간을 무한히 분할 가능하다는 전제 때문에 발생했다. 이 이야기가 모순이라면 공간의 무한 분할 또한 모순이어야 한다. 이 이야기를 듣는 사람이라면 누구나 제논의 이야기가 모순이라는 데 동의한다. 그런 일이 일어날 수는 없으니까. 그 동의는, 공간의 무한 분할이 가능하다는 주장을 깨트리고 만다. 공간이 무한 분할 가능하다면 이 세상은 이상해지고 만다. 공간을 무한히 분할할 수는 없다.

제논은 무한을 동원했다. 유한한 거리를 무한히 쪼개면서 이야기를 풀어나갔다. 그렇게 했더니 흔들림 없고, 틀림 없어 보이던 유한의 현실은 흔들렸다. 이제 무한의 문제를 가만히 내버려둘 수는 없게 됐다. 무한을 긍정하는 순간, 우리의 모든 감각과 생각은 착각과 혼돈에 빠진다. 특별한 경우에만 툭툭 튀어나오던 무한, 이제는 현실의 모든 영역을 건드려버렸다. 뭔가 조치를 내려야만 했다.

『원론』을 쓴 유클리드는 당대 기원전 3세기까지의 수학적 성과를 종합하여 정리했다. 그 이전의 수많은 철학과 수학을 의식하여 고민하면서 한 구절 한 구절을 써내려갔다. 단어 하나하나, 순서 하나하나가 허투루 배치되지 않았다.

유클리드는 '무한'이라고 써버리면 간단하게 끝날 문제를 굳이 '유한'을 통해서 설명했다. 직선을 무한히 연장할 수 있다고 하면 되는데, 얼마든지 연장해서 어떤 유한한 길이보다도 길게 늘일 수 있다고 했다. 이 말이나 그 말이나 같은 말 아닌가 싶지만 유클리드에게는 달랐다. 유클리드는 무한이란 말을 필사적으로 사용하지 않았다. 그에게는 무한한 직선이 아니었다. 유한하지만 그 길이를 얼마든지 늘일 수 있었다. 필요한 만큼, 원하는 만큼 긴 유한한 직선이면 족했다. 왜 그래야만 했을까? 고대 그리스 철학은 결국 무한을 배제했기 때문이다. 이 문제를 최종적으로 정리한 사람은 아리스토텔레스였다.

아리스토텔레스는 무한을 가무한과 실무한으로 구분했다. 가무한(假無限, potential infinity)이란 1, 2, 3, …처럼 한없이 지속되고 이어지는 무한이다. 완성되지 않고 계속되며, 생성해가는 과정에 있는 무한이다. 이에 반해 실무한(實無限, actual infinity)은 실제로 존재하는 무한이다. 사과나 책상처럼, 이런 게 무한이라고 보여줄 수 있는 무한이다. 완성되고 완결된 채 존재하는 무한이다.

메소포타미아의 분수표나, 피타고라스학파가 무리수를 통해 마주친 무한은 어디에 속하는 무한일까? 분수나 무리수의 값은 끝이 나지 않고 계속된다. 이 무한은 가무한이다. 만약 실무한이었다면 그 값을 구체적으로 제시했을 것이다. 제논이 사용한 무한 역시 가무한이다. $\frac{1}{2}$에 해당하는 지점을 무한히 언급한다. 그 과정은 결코 끝나지 않는다. 영원히!

아리스토텔레스는 다음과 같이 말하며 실무한은 존재하지 않는다고 했다. 우리가 경험 가능한 무한은 가무한일 뿐이다.

> "논리적으로 연구하면 무한이 존재하지 않음을 증명할 수 있을 것이다. 사실상 물체를 '표면에 의해 한정된 것'이라고 정의한다면, 무한한 물체는 없을 것이고, 그것을 지각할 수도 없을 것이다."
> – 아리스토텔레스, 『자연학』제3권[*]

유한에 대한 아리스토텔레스의 집착은 우주에 대한 설명으로도 이어진다. 그는 이 우주가 유한하다고 봤다. 이 우주가 무한하다면, 이 우주 자체가 실무한이 되므로 무한은 없다던 그의 주장과 어폐가 있게 된다. 우주는 유한하되, 가만히 있는 지구를 중심으로 하고 있다. 행성과 행성을 감싸고 있는 천구에 항성이 박혀 있다고 봤다.

유클리드는 무한을 배제해버린 아리스토텔레스의 철학적 입장에 충실했다. 고로 선을 무한하게 그을 수 있다고 말할 수는 없었다. 유한하되 원하는 만큼 연장 가능한 직선으로 바꿔 말해야 했다. 무한은 유한으로 치환되어 다뤄질 수밖에 없었다. 2, 3, 5, 7과 같은 소수의 개수를 다룬 증명도 유한을 통해서였다. 그는 소수가 무한하다고 말하지 않았다. 몇 개로 잡더라도 소수는 그 개수보다 더 많다고 했다. 어떤 유한보다도 더 많다. 의미상으

---

[*] 프랑수아즈 모노외르 외, 『수학의 무한 철학의 무한』, 박수현 옮김, 해나무, 2008, 15쪽.

로는 무한이지만 표현은 유한을 빌려서 했다. 그렇게 무한은 사라져야 했다. 간당간당하던 무한은 삭제되고, 유한만이 남게 되었다.

소수가 무한히 많다는 것에 대한 유클리드의 증명

소수의 개수가 유한하다고 가정한다. 이 가정으로부터 모순을 이끌어내 유한하다는 가정이 틀렸다는 것을 보인다. 소수가 n개 존재한다고 한 후 n개의 소수를 조합해 새로운 수 A를 만들어낸다. A로부터 n개의 소수에 포함되지 않은 새로운 소수가 있음을 이끌어낸다. 이 결론은 소수의 개수가 유한하다는 가정으로부터 유도된 것이니 그 가정은 틀렸다. 증명의 스토리다. 구체적으로 살펴보자.

P_1, P_2, P_3, $\cdots$, P_{n-1}, P_n개의 소수가 존재한다. 이 수들을 모두 곱한 다음 1을 더해 새로운 수 A를 만든다.

$$A = P_1 \times P_2 \times P_3 \times \cdots \times P_{n-1} \times P_n + 1$$

A는 소수일까 아닐까?

1) A는 소수다.

A가 소수라면, A는 기존의 소수보다 큰 소수이다. 소수는 2보다 큰데, 그 소수들을 곱해 1을 더했기 때문이다. 고로 A는 기존에 있던 n개의 소수에 포함되지 않은 새로운 소수이다. 소수가 n개라는 가정은 모순이다.

2) A는 소수가 아니다.

소수가 아니라면, A는 소수로 인수분해되어야 한다. 그런데 A는 기존에 있던 n개의 소수 중 그 어떤 것으로도 나눠 떨어지지 않는다. n개의 어떤 소수로 나누더라도 항상 1이 남는다. A가 n개의 소수로는 인수분해가 안 된다는 뜻이다. 고로 A는 n개의 소수에 포함되지 않은 다른 소수로 인수분해되어야 한다. 새로운 소수가 있다는 뜻이니 이것도 모순이다.

이러나저러나 A를 통해서 새로운 소수가 있다는 것을 알 수 있다. 어떻게 잡더라도 새로운 소수는 계속 등장하게 된다.

세상을 바꾼 위대한 오답

무한, 이해할 수 없다

무한은 저 멀리 있지 않았다. 동전의 양면처럼 유한과 짝패를 이루며 가까이에 있었다. 그들이 무한을 만난 대상은 모두 유한이었다. $\frac{1}{7}$ 의 값이나 $\sqrt{2}$ 는 모두 유한한 대상이었다. 그 값을 달리 표현하는 과정에서 무한이 튀어나왔다. 유한의 크기가 무한으로 표현되어야 했다. 무한과 유한은 명확하게 구분되어 있지 않고 뒤섞여 있었다. 무한의 문제는 무한의 문제만이 아니었다.

그런데 고대인들은 무한을 이해할 수 없었다. 그 결과 유한마저도 이해할 수 없게 돼버렸다. 그 파장은 그 부분에만 국한되지 않았다. 유한의 틈을 빠져 나온 무한의 망령은 유한의 전 영역으로 번져나갔다. 유한의 세계 자체를 부인할 지경이었다. 그 기로에서 무한은 결국 삭제되었다. 이 세계는 유한만의 세계가 되었다. 살짝 열렸던 무한의 틈은 부랴부랴 닫혀버렸다.

고대수학에서 등장하는 무한은 모두 가무한이었다. 실무한까지 나아가지 못했다. 그런 상태에서 무한의 문은 닫혀버렸다. 무한에 대한 그 이상의 탐구는 진행되지도 못했다.

무한, 신으로 화려하게 귀환하다

지식의 장에서 사라져야만 했던 무한은 (서양에서) 기독교를 매개로 해서 귀환하게 된다. 무한이 재등장할 수 있는 방법은 하나밖에 없었다. 무한이 배제된 이유는 무한이 실재하는 대상이 아니라는 것이었다. 그러니 무한에 해당하는 실체를 보여주지 않고서는 무한을 다시 불러올 수 없었다. 그렇다면 종교에서 무한의 실체를 찾았단 말인가! 그렇다. 그것은 바로 신이었다.

기독교나 종교에서 대개 신은 인간과 뚜렷하게 구분되는 존재다. 신이 우리와 똑같은 사람이라면 신으로서의 체면과 권위가 서지 않는다. 영원히 산다거나, 팔이 무수히 많다거나, 번개를 내리친다거나, 다른 모습으로 바뀔 수 있다거나 하는 모습은 신이 인간과는 다른 능력을 가졌음을 보여준다. 인간은 유한적인 존재다. 언젠가는 죽고, 땅이라는 무대를 벗어나지도 못하고, 우리의 감각과 신체적인 조건을 넘어서지 못한다. 반면에 신은 인간과 대조적이다. 인간적인 한계를 초월해 있다. 신은 무한의 실체였다. 무한은 신의 모습으로 화려하게 복귀한다.

기독교의 대표적인 신학자인 어거스틴(354~430)은 신을 무한한 존재라고 했다. 그 무한은 우리가 생각 가능한 무한마저도 초월해 있는 무한이었다. 신은 무한한 사고를 할 수 있는 존재이기에, 인간의 사고로는 이해하기 어렵다. 이해 불가능하기에 무한은 더욱 신에게 어울리는 속성이 돼버렸다. 무한은 불완전한 상태가 아니라 완전 그 자체였다. 우리로서는 이해 불가능한 완전이었다. 고대 그리스인들의 태도와는 반대다.

어거스틴은 신의 속성인 무한이 수학을 통해서 가장 잘 드러난다고 했다. 신에 대한 지식을 얻기에 수학은 가장 적합했다. 완전수인 6을 빌려서 성서에서 6일간의 창조를 설명하기도 했다. 신은 감각과 변화를 초월해 있는 존재다. 그런 존재를 이해하고 인식하는 데 수학만큼 좋은 학문은 없다. 뒤돌아보면 고대인들에게 가무한으로서의 경험을 던져준 것 역시 수학이었다. 어거스틴은 신과 수학의 관계를 특별하게 설정했다. 그로 인해 수학을 통해 신이나 무한에 접근하려는 시도들이 많아졌다.

무한을 탐구하기 시작하다

어거스틴 이후 서양에서는 무한에 대한 철학적이고 신학적인 탐구가 이어졌다. 죽은 자의 영혼에 관한 문제까지도 다룰 정도였다. 사람이 죽으면 그 영혼 또한 이 세계에 함께 존재한다. 고로 이 세계가 영원하다면 영혼은 무한히 많아진다. 이 세계는 실제로 무한한 세계가 된다. 유한한 줄로 알았던 이 세계가 실무한의 세계가 돼버린다. 어라! 이 무슨 해괴망측한 이야기란 말인가! 유한으로 알고 있던 우주가 무한이라니.

13~14세기를 거치면서 무한에 대한 논의는 더 활발해졌다. 일반적인 수처럼 무한을 크기의 문제와 결부시킬 수 있는지도 탐구했다. 무한에 대해서 크고 작고 같다고 말할 수도 있다고 생각했다. 그로스테스트(Robert Grosseteste)는 대등하지 않은 무한이 있을 수 있다고 지적했다. 리미니의 그레고리(Gregory of Rimini)는 구체적인 예를 들었다. 직선과 직선의 반인 반직선을 비교했다. 둘 다 무한이지만 반직선은 직선의 일부이다. 그렇다면 반직선의 무한은 직선이 갖는 무한의 일부인 셈이다. 하지만 직선이 반직선을 포함할 만큼의 개수를 갖고 있는 것은 아니니 일부가 아니라고 말할 수도 있었다. 무한은 정말 아리송했고 헷갈렸다.

둔스 스코투스(John Duns Scotus)는 둘레가 다른 두 원의 비교를 통해서 무한의 애매한 지점을 파고들었다. 원이 무한히 많은 점으로 이뤄졌다고

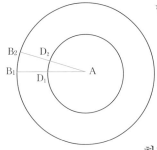

할 경우 모순이 발생한다는 것이다. 작은 원이나 큰 원의 점은 왼쪽 그림처럼 일대일 대응이 가능하다. 둘레는 다른데 그 안에 있는 점의 개수가 같다는 이상한 결론이 성립한다. 같지 않다면 무한에서의 크기 비교가 유한과는 달라야 했다.

무한에 대한 논의에서 수학적 대상이 자주 이용됐다. 특히 시간이나 공간, 선과 같은 연속체가 많이 다뤄졌다. 신을 이해하는 데 수학이 제격이라고 했던 어거스틴의 견해가 현실화되어 갔다. 역설적이고 모순적이기는 했지만, 무한에 대한 논의는 더 활발해졌다. 이런 노력을 지지하고 정당화해주는 움직임도 있었다.

쿠사의 니콜라스는 15세기 독일의 추기경이다. 그는 '반대의 일치'를 통해서 대립적으로 보이는 지식들이 신의 무한에서는 일치하게 된다고 주장했다. 인간의 지식은 유한하다. 이해되지 않고, 대립적인 경우가 많다. 하지만 그것은 완전한 지식에 다다르지 못했기 때문이다. 진짜 무한인 신의 경지에 다다르면 반대로 보이는 것들마저도 통합되고 하나가 된다. 그는 이렇게 힘주어 말하며 원과 직선을 예로 들었다.

원과 직선은 다르다. 곡선과 직선이란 면에서 반대고 대립이다. 직선으로는 원을 측정하고 이해할 수 없다. 완전히 구별되는 대상이다. 반지름을 늘려가면서 원을 그려보자. 반지름이 무한해지면 원의 일부는 직선이 돼버린다. 무한에서 원과 직선의 대립은 사라진다. 무한의 세계에서 반대되는 것들은 일치하게 된다. 어떻게 하면 그런 경지에 다다를 수 있을까? 그런

세상을 바꾼 위대한 오답

무한의 세계를 인간이 직접 경험할 수는 없다.

그래도 방법은 있다. 인간의 지식을 도형으로 표현하면 직선이다. 그 직선으로 원에 가까이 다가가는 것은 가능하다. 원에 내접하는 정다각형의 변의 개수를 계속 늘려가면 된다. 변의 개수가 많아질수록 그 다각형은 원에 가까운 도형이 된다. 무한의 세계에 다다를 수는 없지만 원에 근접하는 것은 가능하다. 무한에 대한 탐구는 가능하다.

그는 무한에 대한 통찰과 철학을 바탕으로 해서 이 우주에 대한 이야기도 풀어나갔다. 그는 이 우주가 무한하다고 주장했다. 무한하기에 이 우주에는 특별한 중심이 필요 없다. 지구도 태양도 우주의 중심이 아니었다. 중심은 어디에도 없거나 어느 곳에나 있었다. 신도 우주 어느 곳이든 존재했다. 그의 주장은 코페르니쿠스나 케플러의 과학에 많은 영향을 끼쳤다.

17세기 유럽의 과학혁명을 이끈 갈릴레오 갈릴레이 역시 무한을 그냥 지나치지 않았다. 그는 종교재판 이후 가택연금 상태였는데 이때 무한을 연구했다. 둘레가 다른 두 원에 같은 점의 개수가 있다는 스코투스의 역설도 다뤘다. 그는 원의 점들 사이에 무한히 작은 크기의 간격이, 무한히 있다고 함으로써 이 역설을 해결하고자 했다. 어떻게든 둘레가 다른 원의 차이를 설명해보려 했다. 그러나 그런 간격이 있다면 원이 불연속한다는 것 아닌가? 아무리 작더라도 간격이 있다면 떨어져 있는 셈이니 말이다.

갈릴레이는 무한히 많은 자연수와 제곱수의 개수를 비교했다. 직관적으로 보자면 제곱수의 개수가 자연수의 개수보다는 더 작다. 그렇지만 일대일 대응으로 짝지어 보면 모든 자연수는 제곱수와 하나씩 연결된다. 그는 고민했다. 어느 게 더 많다고 해야 할까? 그는 제곱수도 자연수만큼 많다고 결론을 내렸다. 사실상 둘의 개수가 같다고 봤다. 크고 작은 크기관계는 유한의 세계에 해당하지 무한의 세계에는 적용되지 않는다고 생각했다.

1	2	3	4	5	6	7	…
↕	↕	↕	↕	↕	↕	↕	
1	4	9	16	25	36	49	…

갈릴레이는 무한의 중요한 속성을 얼핏 보고 더 이상 다루지 않았다. 무한에서는 부분과 전체의 관계가 유한과는 달랐다. 큰 무한과 작은 무한, 그 무한끼리의 비교문제는 유한과는 달라야 했다. 그 둘의 관계가 어떻게 설정되어야 할지 밝혀져야 했다.

무한을 통해 문제를 풀어가다

무한은 여전히 의문스러웠지만 근대에 이르면서 무한에 대한 생각은 크게 바뀌었다. 무한은 불완전하거나 미완성의 존재가 아니었다. 탐구하고 연구해야 할 지고(至高)의 대상이었다. 고대와는 180도 달라진 입장이었다. 이제 무한은 현실적인 문제로부터 수학에 이르기까지 적극적으로 활용되기 시작했다.

네덜란드 풍경화가였던 마인데르트 호베마의 1689년작 〈미델하르니스로 가는 길〉이 있다. 원근법을 활용해 그린 작품이다. 가로수길은 저 멀리 지평선이 끝나는 듯한 곳에서 만나게 된다. 평행하게 쭉 뻗은 길이기에 양쪽 길가는 영원히 만날 수 없지만 화가의 시선에서 봤을 때 언젠가는 만날 듯하다. 그런 점을 소실점 또는 무한원점이라고 한다. 평행하지만 무한히 뻗어나가 언젠가는 만나게 되는 점을 말한다. 무한이 유한한 그림에 담겨 표현됐다. 일반적인 평면에 무한원점을 추가한 게 사영평면이다.

마인데르트 호베마, 〈미델하르니스로 가는 길〉, 1689

무한을 도입해서 문제를 해결해가는 예는 수학에서도 두드러졌다. 어떤 수를 0으로 나눈 값을 무한대라고도 했다. 무한소수를 이용해 $\frac{1}{7}$, $\frac{1}{11}$ 과 같은 분수나 $\sqrt{2}$ 같은 무리수를 표현했다. 미분에서는 무한히 작은 크기인 무한소, 적분에서는 무한히 많은 항을 뜻하는 무한대가 사용되었다.

월리스는 아예 무한대를 뜻하는 기호 ∞를 고안했다. 1655년의 일이다. 그는 무한의 계산문제까지도 다뤘다. 무한에 유한을 더하고 뺀다고 할지라도 그 크기는 변하지 않는다고 봤다. 유한의 세계에서 일어날 수 없는 계산 규칙이었다.

$$\infty + 1 = \infty, \ \infty - 1 = \infty$$

한편 그는 $\frac{1}{\infty}$은 0이며, $\frac{1}{\infty}$에다가 ∞를 곱하면 1이 된다고 했다. $\frac{1}{\infty}$이 0이라는 건 이해할 법한데 $\frac{1}{\infty} \times \infty = 1$이라는 건 어색하다. ∞와 ∞를 약분한 결과인데, $\frac{1}{\infty}$을 0으로 바꿔 계산하면 앞뒤가 안 맞는다. $0 \times \infty = 1$이 되기 때문이다. $0 \times \infty$라면 0이라고 할 수도 있다. 무한에 대한 생각들이 아직 제대로 정리되지 않은 채 뒤죽박죽 뒤섞여 있었다.

$$순간속도 = v_x(t) = \lim_{\Delta t \to 0} \frac{\Delta x}{\Delta t} = \frac{dx}{dt} = x'(t)$$

미분은 어떤 함수의 순간속도를 구하는 과정에서 '무한소' 개념을 사용했다. 보통 속도는 거리를 시간으로 나눈다. $\frac{\Delta x}{\Delta t}$. Δx는 거리의 변화량, Δt는 시간의 변화량이다. 순간속도는 시간의 변화량을 0은 아니지만 0에 가까울 만큼 줄여 그때의 속도를 계산한다. 0은 아니지만 0에 가까운 크기가 무한소다.

$$\lim_{n \to \infty} \sum_{k=1}^{n} f(x_k) \, \Delta x = \int_a^b f(x) dx$$

적분은 다양한 모양의 넓이를 구하는 방법이다. 구하고자 하는 구간을 무한히 얇은 직사각형으로 분할한 다음 이 직사각형들의 넓이를 합한다. 이때 각 직사각형의 가로 길이는 무한소, 전체 직사각형의 개수는 무한대가 된다. 위의 식에서 좌변은, 구간을 먼저 n개로 나눠 n개 직사각형의 넓이를 더한 다음, 그 n을 무한대로 보낸다는 뜻이다. 이 계산을 쉽게 한 것이 우변의 적분이다. 오른쪽 식은, 구간 a부터 b까지 무한히 얇게 쪼개진, 무한히 많은 직사각형의 넓이를 더한다는 뜻이다.

미분과 적분은 17세기를 거치면서 등장했다. 무한을 적극적으로 활용하여 어려운 문제들을 척척 풀어내며 널리 사용되었다. 그러나 미적분을 떠받들고 있던 무한소와 무한대라는 개념은 명확하지 않고 모호했다. 사용법도 일관되지 않았다. 철학자 버클리가 이 개념을 사라진 세계의 유령이라고 비판할 정도였다. 정의나 개념, 성질이 제대로 밝혀지지 않은 채 무한은 사용되었다.

집합을 통해 실무한을 보이다

불분명한 상태로 무한이 사용되는 현실을 보면서 무한의 존재를 인정하지 않은 사람도 있었다. 18세기 철학자 임마누엘 칸트는 무한이 지각되지 않는다면서 실무한을 반대했다. 가우스도 가무한으로서의 무한을 이야기하면서, 무한을 일상적인 수처럼 실제 크기로 다루는 수학적인 기법이 허용될 수 없다고 했다. 한쪽에서는 불명확한 개념으로 무한을 쓰고, 다른 한쪽에서는 무한이 실재하지 않는다며 반대하던 차에 실무한을 수학적으로 규정한 사람이 등장했다. 체코의 성직자이자 수학자였던 베른하르트 볼차노(1781~1848)였다. 그가 죽고 3년 후인 1851년에 무한에 관한 그의 연구저서 『무한의 역설』이 발간됐다.

볼차노는 실무한이 존재한다고 생각했다. 그는 실제 대상의 존재 여부와 수학적 개념을 구분했다. 대상이 없다고 하더라도 개념은 존재할 수 있다고 봤다. 집합을 통해 무한이 존재한다는 그의 생각을 증명했다. 그는 1847년에 집합을 정의했다. 원소들의 순서에 무관하며, 순서를 바꾸더라도 순서만 바뀔 뿐 본질적인 것에 변화가 없는 모음을 집합이라고 했다. A라는 개념을 지니는 대상을 묶어 'A의 집합'이라는 수학적 대상을 만들 수 있었다. 이렇게 해서 집합은 '존재'하게 된다. 그는 무한인 '진리의 집합'을 만들어냄으로써 무한집합이 가능하다는 것을 보였다.

참인 명제 A가 있다. 이로부터 'A는 참이다'라는 다른 명제 B가 만들어지고 이 명제는 참이다. 다시 명제 B가 참이라는, 즉 'A가 참이라는 명제는 참이다'라는 또 다른 명제 C를 만들 수 있다. C라는 명제도 참이다, 즉 'A가 참이라는 명제가 참이라는 명제는 참이다'를 만들 수 있다. 이런 식으로 모두가 참인 명제이면서 무한인 집합을 만들어냈다. 무한이면서 참인 '진리의 집합'을 실제로 제시했다.

볼차노는 집합을 통해 무한이 실제 가능하다는 것을 보여줬다. 현실에 존재하는 대상이 아닐지라도 개념들을 대상으로 해서 실무한을 만들 수 있었다. 집합이라는 개념은 곧 집합론으로 발전되어 무한의 성질을 탐구하고 밝히는 데 사용된다.

볼차노는 갈릴레이가 자연수의 무한과 제곱수의 무한을 비교했던 것을 언급하면서 연속체의 경우에도 그런 비교가 가능하다는 것을 보였다. $y=2x$의 그래프에서 0부터 1까지의 x의 모든 점들이 0부터 2까지의 y의 모든 점에 일대일 대응한다. 하지만 길이로만 보면, 길이가 1인 선분은 길이가 2인 선분의 일부다. 부분집합이다. 그러나 두 집합의 모든 원소들은 일대일 대응을 한다. 두 집합에 속한 점의 개수는 같다. 그래프를 $y=88x$ 또는 $y=100000x$로 바꾼다면 길이가 1인 선분은 어떤 길이의 선분과도 일대일 대응이 가능하다. 길이와 무관하게 점의 개수는 같아진다. 연속인 무한의 경우에도 부분과 전체의 관계는 유한과 달랐다.

무한은 볼차노의 집합을 통해 실무한으로 간주되었다. 볼차노는 무한을 완결된 집합으로 파악했다. 가무한이 아니라 실무한이었다. 끊임없이 지속되고 생성해가는 가무한(假無限) 과정 전체를 무한의 원소로 삼았다. 아무것도 없는 상태를 0이라고 지칭하듯이, 영원히 이어지는 무한의 상태 자체를 하나의 집합으로 명명했다. 무한인 대상을 찾은 게 아니라 그런 대상을 개념적으로 만들어버렸다.

독일이 수학지 데데긴드는 1872년에 아예 무한을 정의하기에 이르렀다. 그는 부분과 전체가 같은 경우를 무한이라고 했다. 그렇다면 유한은, 무한이 아닌 경우였다. B가 A의 부분집합인데, 두 집합이 일대일 대응하며 개수가 같을 때를 무한이라고 했다. 자연수의 집합과 짝수의 집합이 그 예이다. 짝수는 자연수의 부분집합이지만 일대일 대응이므로 그 개수는 같다. 그래서 무한이다. 데데킨트의 정의에서는 유한과 무한의 관계는 뒤바뀌었다. 유한이 아닌 것을 무한이라 했는데, 이제는 무한이 아닌 것을 유한이라고 했다.

큰 무한, 작은 무한… 집합을 통해 여러 무한을 발견하다

칸토어(1845~1918)는 볼차노가 제시했던 집합을 더욱 확장시켜 집합론이라는 분야를 창시했다. 그는 자연수의 무한을 셀 수 있는 무한이라고 규정한 후 그 크기를 알레프 제로($\aleph_0$)라고 명명했다. 그는 무한이 있다고 주장했을 뿐만 아니라 그 크기마저도 규정해버렸다. 이 크기는 자연수나 실수로 표현되는 크기와는 다르다. 무한대는 이제 수학적으로 정의되고, 다른 수처럼 그 크기마저 부여되었다.

칸토어는 자연수의 무한을 자연수의 부분집합인 짝수나 제곱수의 무한과 비교했다. 비교의 방법은 일대일 대응이었다. 모든 원소가 일대일 대응이면 크기는 같고, 일대일 대응이 안 되면 크기는 다르다. 그는 제곱수나 짝수 같은 부분집합도 자연수와 일대일 대응된다는 것을 밝히고 그 크기가 $\aleph_0$와 같다고 했다. 그는 더 나아가 유리수와 자연수를 비교했다. 유리수는 자연수와 달리 조밀하다. 자연수는 1과 2 사이에 아무것도 없지만 유리수의 경우 서로 다른 유리수 사이에는 무한히 많은 유리수가 존재한다. 그럼에도 불구하고 칸토어는 유리수도 자연수와 일대일 대응한다는 것을 증명했다. 유리수의 무한도 자연수의 무한 $\aleph_0$와 크기가 같았다. 1874년의 일이었다.

자연수의 무한 = 자연수의 부분집합의 무한 = 유리수의 무한 → 셀 수 있는 무한

자연수와 자연수의 부분집합 그리고 유리수에 대한 칸토어의 결론은 유한과 달랐다. 유한에서 각 집합은 크기가 달랐지만, 무한에서 각 집합의 크기는 모두 같았다.

칸토어는 계속 질주했다. 이제 자연수의 무한과 실수의 무한을 비교했다. 실수는 유리수와 무리수가 합쳐진 수다. 유리수는 자연수의 무한과 크기가 같다. 과연 실수와 자연수의 크기는 어떻게 되는 걸까? 실수의 무한은 자연수의 무한과 다르다는 걸 그는 증명했다. 2가 1보다 큰 것처럼 실수의 무한은 자연수의 무한보다 그 크기가 더 컸다. 무한에도 크기가 다른 무한이 있다는 게 밝혀지고야 말았다. 실수의 무한은 자연수의 셀 수 있는 무한보다 큰, 셀 수 없는 무한이었다.

칸토어에 이르러 무한은 구체적이고 세분화되었다. 무한에도 여러 종류

가 있다는 것을 알게 되었고, 무한을 통해 유한을 말할 수 있게 되었다. 크기와 계산에 대한 규칙도 제시되면서 다른 수처럼 갖출 것을 다 갖추게 되었다. 무한은 다른 수만큼이나 분명한 모양새로 존재했다. 애매모호한 가무한이 아니라 분명하고 확실한 실무한으로서의 지위를 차지하게 되었다.

무한대 그리고 무한소

칸토어의 연구는 사실 무한대에 집중되어 있었다. 그런데 또 다른 무한이 있었다. 무한히 작은 크기인 무한소였다. 무한소는 어떻게 되었을까?

무한소도 무한대만큼이나 모호했다. 얼마나 작다는 것인지 알 길이 없다. 생각할 수 있는 그 어떤 크기보다 작지만 얼마나 작다고 말할 수는 없었다. 무한소 역시 엄밀하게 규정되어야만 했다. 수학자들은 결국 무한소를 극한의 개념으로 대체해버렸다. 어떤 변수의 값이 0에 수렴할 때 그 변수의 값을 무한소라고 한다. 무한대처럼 그 크기를 확정하거나 부여하지 않고 극한을 통해 무한소 개념을 없애버렸다.

그러나 1960년대에 이르러 무한소를 규정하는 수학이 등장했다. 비표준해석학이란 분야인데, 에이브러햄 로빈슨(Abraham Robinson)과 H. 제롬 카이슬러(H. Jerome Keisler)가 무한소를 "어떤 실수보다도 작지만 영보다 큰 숫자"라고 정의하며 무한소를 도입했다. 이 해석학은 일반적인 실수에 무한대와 무한소를 포함하는 수 체계인 초실수를 기반으로 한다.

생각의 지평선, 무한을 넘어서다

무한대와 무한소를 포함하는 수 체계라니! 인간의 상상력과 창의력은 끝이 없다. 어쩔 줄 몰라 당황하면서 무한을 배제해버렸던 사람들이 보면 놀라 자빠질 일이다. 무한은 유한과 맞물려 있었기에 배제만으로 끝날 문제가 아니었다. 어떻게든 무한을 도입해야 했고, 그 무한을 도입하기 위해서 생각의 지형을 바꾸고 새로운 개념을 만들어냈다. 그러면서 생각의 지평선은 무한히 우주로 뻗어가고 있다.

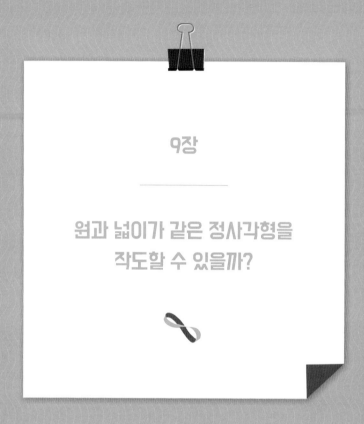

9장

원과 넓이가 같은 정사각형을
작도할 수 있을까?

고대 그리스에서 유명했던 원적 문제가 있다. 원적(squaring the circle)은 원의 구적을 줄인 말이다. 구적(求積)은 넓이를 구하는 것이므로, 원적은 원의 넓이를 구한다는 뜻이다. 넓이란 결국 어떤 도형을 직사각형으로 바꾸는 것이다. 작도로 수학을 했던 그리스인들에게 원적 문제란 원과 넓이가 같은 정사각형을 작도하는 것이었다. (모든 직사각형은 정사각형으로 작도된다.) 그들은 눈금 없는 자와 컴퍼스만을 사용해야 한다는 조건을 달았다. 이로 인해 문제는 매우 까다로워졌다. 이 조건을 지키려다 보니 이야기는 길어지고 드라마틱해졌다. 슬금슬금, 아슬아슬…… 외줄타기로 건너야 하는 꼴이었다.

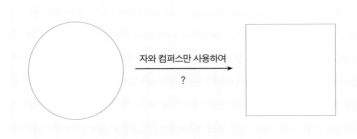

자와 컴퍼스만 사용하여

?

① 1세기 플루타코스, 『망명에 대하여』

"사람의 행복이나 덕, 지혜를 빼앗아갈 수 있는 곳은 없다. 아낙사고라스는 감옥에 있는 동안 원적 문제를 고민했다."

② 기원전 5세기, 오에노피데스

오에노피데스는 두 가지 작도법을 알아냈다. 직선 밖의 한 점을 지나며 직선에 수직인 수선을 긋는 작도, 주어진 각도와 같은 크기의 각 작도법. 그로 인해 그리스 기하학의 규칙이 만들어졌다. 작도를 할 때는 눈금 없는 자와 컴퍼스만을 사용해야 했다.

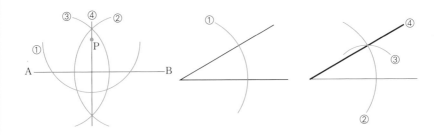

3 기원전 5세기, 히포크라테스

히포크라테스는 원으로 둘러싸여 있는 부분의 넓이와 같은 다각형을 찾아냈다. 초승달 모양 AEBF의 넓이＝직각이등변삼각형 OAB. 원으로 둘러싸인 초승달 모양의 넓이를 작도로 정사각형화했다. 그러나 모든 초승달 모양을 정사각형화지는 못했다. 원적 문제 해결을 시도했으나 성공하지 못했다.

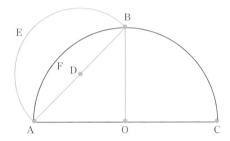

4 기원전 5세기 히피아스, 기원전 3세기 디노스트라투스

히피아스는 쿼드라트릭스(quadratrix)라는 곡선을 발명했고, 디노스트라투스는 이 곡선으로 원적 문제를 풀었다. 아르키메데스 또한 나선을 이용하여 원적 문제를 해결했다. 그러나 이 방법들은 자와 컴퍼스만을 사용해야 한다는 제한조건을 벗어났다. 원적 문제의 완전한 해법으로 인정받지 못했다.

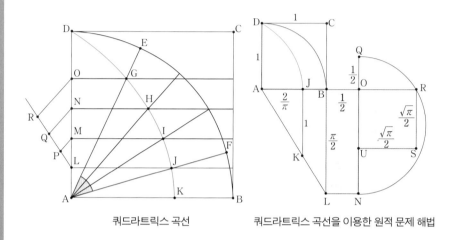

쿼드라트릭스 곡선   쿼드라트릭스 곡선을 이용한 원적 문제 해법

❺ 11세기경 이슬람

이슬람 수학자들도 원적 문제에 빠져들었다. 어떤 수학자는 사람들로 하여금 원적 문제의
해결이 가능하다고 역설했으나 약속했던 해법을 내놓지 못했다.

❻ 15세기, 쿠사의 니콜라스

1450년경 쿠사의 니콜라스는 평면작도를 통해서 원적 문제 해결이 가능하다는 것을 증명하
려 했다. 그는 근대를 전후로 하여 이 문제를 풀려고 시도했던 첫 유럽인이었다. 그의 아이디
어는 원의 넓이를 내접 다각형과 외접 다각형의 평균으로 구한다는 것이었으나 실패했다.

❼ 17세기, 제임스 그레고리

스코틀랜드의 수학자 제임스 그레고리는 무한수열과 수렴을 깊게 이해했다. 그는 이 아이디어를 원의 내접 다각형과 외접 다각형의 넓이 수열에 적용해, 원적 문제의 해결이 불가능하다고 증명하려 했다. 원주율 π가 다항방정식의 해가 아닌 초월수라는 것을 보이려 했으나 성공하지 못했다. 네덜란드의 물리학자이자 천문학자인 호이겐스는 반대로 원주율 π가 다항방정식의 해인 대수적 수라고 믿었다.

❽ 18세기, 람베르트

1761년 독일의 물리학자 · 수학자 람베르트는 원주율 π가 무리수라는 것을 증명했다. 이 증명만으로 원적 문제가 해결 불가능함을 증명하는 것은 아니지만 해결 불가능하리라고 추측케 했다.

원적 문제, 시작되다!

고대 그리스의 역사학자 플루타르코스는 원적 문제를 처음으로 언급했다. 아낙사고라스가 감옥에서 이 문제를 연구했다고 적었다. 아낙사고라스는 기원전 5세기 그리스에서 활약한 자연철학자다. 자연철학자답게 그는 신화적인 설명을 거부하고 합리적이고 과학적으로 이 세계를 설명했다. 나일강이 범람하는 이유가 상류 근처의 눈이 녹기 때문이고, 달은 태양으로부터 빛을 받아 반사할 뿐이라고 했다. 태양은 신이 아니라 크고 뜨거운 돌이나 암석에 불과한데, 그 크기는 펠로폰네소스 지역 전체보다 크다. 그에게 일식이나 월식 따위는 신의 메시지가 담긴 현상이 아니라 지구나 태양이 달 사이에 위치하기 때문에 일어날 뿐이었다.

당돌한 설명 탓인지, 권위에 대한 도전으로 비쳐졌던 탓인지 아낙사고라스는 그리스인들에게 반감을 샀다. 신에 대한 불경죄로 그는 투옥됐다. 감옥에서도 그는 학자로서의 품위를 잃지 않고 지혜를 탐구했다. 그로부터 공부하는 즐거움을 빼앗아갈 수는 없었다. 수학자는 어디에 있는가가 문제되지 않는다. 펜과 종이가 있고, 생각만 할 수 있다면 어디든 상관 없다. 아낙사고라스는 감옥에서 원적 문제에 도전했다. 그러나 즐겁고 기쁘게 고민했을지언정 답을 찾지는 못했다.

자와 컴퍼스만으로 해결하라!

원적 문제가 사람들 사이에 퍼져가면서 규칙 하나가 추가되었다. ❷는 그 규칙의 배경을 말해준다. 기원전 5세기 그리스 철학자 오에노피데스

(Oenopides)는 두 가지 작도법을 발견했다. 선분의 수직이등분선 작도법과 각을 옮기는 작도법이었다. 두 가지 발견으로 말미암아 원적 문제는 자와 컴퍼스만을 사용해야 하는 것으로 제한된다. 두 가지 작도법만 잘 응용하면 거의 모든 작도를 할 수 있기 때문이다.

자와 컴퍼스는 기본적으로 직선과 원을 그릴 수 있다. 일정한 거리를 그대로 옮기는 것까지 가능하다. 여기에 두 가지 작도법이 추가되면 각의 이등분선, 평행선, 수선, 선분의 n등분, 정다각형, 피타고라스의 정리 등 복잡하고 화려한 작도법이 가능해진다. 오에노피데스의 발견은 자와 컴퍼스를 이용하여 모든 문제를 해결할 수 있다는 자신감을 선사했을 것이다. 어떤 문제를 푼다는 것은 자와 컴퍼스를 이용해서 문제를 해결하라는 뜻이었다.

원적 문제 역시 자와 컴퍼스에 의한 작도로 해결되어야 했다. 이 두 도구의 범위를 벗어나서 문제를 해결하는 건 온전한 해법이라 말할 수 없었다. 이 제한조건은 뜻하지 않게 훗날 숱한 이야기를 만들어낸다. 이 범위 안에서 해결하기 위해 갖가지 노력을 해야 했고, 나중에는 자와 컴퍼스로 할 수 있는 게 뭔지 근본적인 질문을 던지게 된다.

원적 문제를 푸는 건 가능해 보였다. 기원전 5세기 헤라클레아의 브뤼손(Bryson of Heraclea)은 원에 내접하는 정사각형과 외접하는 정사각형을 떠올려봤다. 원의 넓이는 그 사이에 존재한다. 그는 내접하는 정사각형의 변의 길이를 조금씩 늘려가다 보면 원과 넓이가 같아지는 순간이 있을 거라고 생각했다. 그때가 언제인지 안다면 원적 문제는 해결된다. 답은 분명히 있어야만 했다. 답이 있다면 해법 또한 있지 않겠는가! 많은 사람들이 해법을 찾아 도전했다.

그러나 원적 문제는 풀리지 않았다. 해결 불가능한 문제로 여겨지기도 했다. 원적 문제에 도전하는 사람을, 불가능한 일에 도전하는 사람이라 부르기까지 했다. 원적 문제는 그만큼 인기 있었고, 그만큼 어려웠다. 이런 상황에서 이 문제의 해결 가능성을 선보여준 사람이 등장했다.

원의 일부를 정사각형화하다!

키오스의 히포크라테스! 의사들이 선서할 때 거명되는 히포크라테스가 아니다. 그는 기원전 5세기 무렵 그리스 키오스 지방의 상인이었다. 전설에 따르면 그는 사기를 당하여 돈을 잃었다고도 하고, 해적을 만나 모든 것을 다 빼앗겼다고도 한다. 여러 수난을 겪은 히포크라테스는 상업을 그만두고 기하학을 연구하게 됐다. 그 결과 원적 문제의 역사에서 반드시 언급되는 중요한 업적을 남긴다. 또한 유클리드에 앞서서 『원론』이란 책을 쓴 인물로 역사에 남았다. 인간사 새옹지마다!

히포크라테스가 밝힌 것은 초승달 모양 AGBHCF와 직각이등변삼각형 ACD의 넓이가 같다는 사실이다. 그는 원적 문제를 해결하지 않았다. 원 전체가 아닌 원의 일부, 원으로 둘러싸인 초승달 모양의 넓이를 알아냈다. 그것도 작도로만 말이다. 그리스에서 처음으로 곡선도형의 넓이를 정확하게 밝혀냈다.

히포크라테스의 발견은 히포크라테스를 포함한 당대인들에게 원적 문제 해결이 가능하리라는 구체적인 희망을 안겨줬다. 막연하고 모호한 주장이 아니었다. 이 발견을 발전시키면 원 전체의 넓이를 다루는 원적 문제마저 충분히 정복할 수 있을 듯했다.

히포크라테스는 자신의 발견에 고무되어 다른 두 가지 유형의 초승달 구

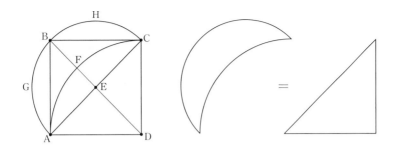

증명: 초승달 모양의 넓이＝직각삼각형의 넓이

위 그림이 어떻게 나왔는지 먼저 보자. $\overline{AC}$를 지름으로 하고, 점 E를 중심으로 하는 반원 AGBHCE를 그린다. 점 E를 지나고 $\overline{AC}$에 수직인 직선을 긋는다. 이 직선과 반원의 교점을 B라 하면 $\overline{AB}=\overline{BC}$이다. 이때 활꼴 AGB와 활꼴 BCH는 합동이다. $\overline{BE}$와 길이가 같도록 점 D를 잡고, 점 D를 중심으로 하는 원을 그려 원호 AFC를 얻는다. 그러면 활꼴 AFCE는 활꼴 AGB, 활꼴 BCH와 닮음이다. 세 활꼴 모두 원의 $\frac{1}{4}$에 해당하는 활꼴이기 때문이다. 정리하면,

$$\overline{EB}=\overline{EC}=\overline{AE}=\overline{ED}$$
$$\overline{BC}=\overline{AB}=\overline{AD}=\overline{CD}$$

활꼴 AGB≡활꼴 BHC ∽ 활꼴 AFCE

히포크라테스의 정리를 이해하려면 먼저 피타고라스 정리의 일반화인 정리 하나를 더 알아야 한다.

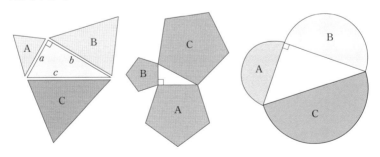

A의 넓이＋B의 넓이＝C의 넓이

직각삼각형의 각 변을 한 변으로 하는 닮은 도형들이다. 이때 빗변을 제외한 다른 두 변을 한 변으로 하는 닮은 도형의 넓이의 합은 빗변을 한 변으로 하는 닮은 도형의 넓이와 같다. 피타고라스의 정리는 닮은 도형의 하나인 정사각형에 해당하며, 이 일반화의 특별한 경우에 불과하다. 닮은 도형에서 넓이의 비는 길이의 비의 제곱에 비례한다. 길이의 비가 $a : b : c$라면 넓이의 비는 $a^2 : b^2 : c^2$이 된다. 직각인 경우는 피타고라스 정리에 의해 $a^2 + b^2 = c^2$이다. 이 등식은 모든 닮은 도형에서도 성립한다. A+B=C이다.

활꼴 AGB와 활꼴 BHC는 합동이고, 활꼴 AFCE와 닮았으므로 다음이 성립한다.

활꼴 AFCE의 넓이＝활꼴 AGB의 넓이＋활꼴 BHC의 넓이

이 관계를 이용하여 초승달 모양의 넓이를 그림과 식으로 구해보자.

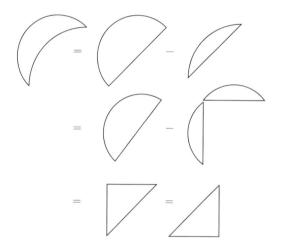

초승달 모양의 넓이＝반원의 넓이－활꼴 AFCE의 넓이

　　　　　＝반원의 넓이－(활꼴 AGB의 넓이＋활꼴 BCH의 넓이)

　　　　　＝직각삼각형 ABC의 넓이

　　　　　＝직각삼각형 ACD의 넓이

적 문제를 해결했다. 원적 문제에 한층 다가섰다. 머지 않아 완전한 해결에 이를 수 있으리라는 자신감도 가졌으리라. 그가 밝혀낸 두 번째 초승달 모

양은 원에 훨씬 근접해 있다. 그러나 그의 발견은 여기까지였다. 더 이상 나아가지 못했다.

히포크라테스는 결국 자신이 원적 문제 해결에 실패했음을 알았다. 그는 모든 초승달 모양의 구적이 가능하다는 것조차 보이지 못했다. 사실 초승달 모양의 구적은 특별한 경우, 딱 다섯 가지 경우에만 가능했다. 히포크라테스가 세 개를 발견했고, 나머지 두 개는 거의 2,000년이 흐른 1771년에 오일러가 발견했다. 이 다섯 개가 전부라는 건 20세기에 이르러 증명됐다.

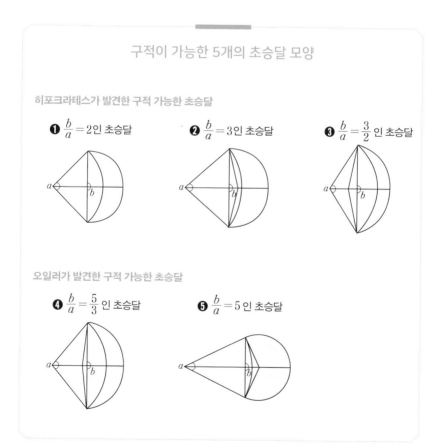

구적이 가능한 5개의 초승달 모양

히포크라테스가 발견한 구적 가능한 초승달

❶ $\frac{b}{a} = 2$인 초승달

❷ $\frac{b}{a} = 3$인 초승달

❸ $\frac{b}{a} = \frac{3}{2}$인 초승달

오일러가 발견한 구적 가능한 초승달

❹ $\frac{b}{a} = \frac{5}{3}$인 초승달

❺ $\frac{b}{a} = 5$인 초승달

다른 곡선을 통해 원적 문제에 접근하다

엘리스의 히피아스(Hippias)는 그 이전과는 다른 방식으로 원적 문제 해결에 도전했다. 그는 이 문제 해결에 도움을 줄 수 있는 다른 곡선을 제안했다. 기원전 5세기의 일이었다.

퀴드라트릭스(quadratrix)라고 불리게 된 이 곡선은 두 개의 선이 만나는 교점의 자취다. 다음 그림에서 선분 AD를 점 A를 중심으로 해서 일정하게 회전시켜 선분 AB에 이르게 한다. 그 시간 동안 선분 DC를 위에서 아래로 평행하면서도 일정하게 내려 선분 AB에 이른다. 두 직선은 다른 위치에서 출발해 같은 위치에 동시에 도달한다. 이때 두 직선이 만나는 점의 자취가 퀴드라트릭스이다.

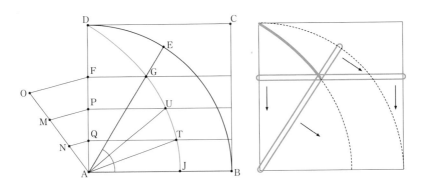

이 곡선의 직접적인 용도는 임의의 각을 삼등분할 때 있다. 각 EAB를 삼등분해보자. 이 각과 퀴드라트릭스는 점 G에서 만난다. 점 G를 지나는 평행선은 직선 AD와 점 F에서 만난다. 각 EAB의 삼등분은 선분 AF를 삼등분하면 된다. 삼등분선이 퀴드라트릭스와 만나는 교점 U, T를 점 A와 이은 직선 AU, AT가 각 EAB를 삼등분하는 선이 된다. 같은 시간 동안 일정하게 움직여서 만난 선이기에 각의 삼등분을 선의 삼등분으로 치환

하여 해결 가능하다.

　퀴드라트릭스를 이용해 원적 문제를 해결해버린 이는 기원전 335년경 디노스트라투스였다. 그는 $\overline{\mathrm{AJ}} : \overline{\mathrm{AB}}$의 비가 $\frac{2}{\pi}$라는 것을 밝혔다.

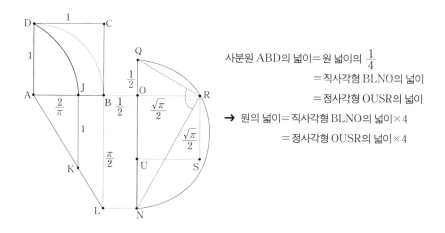

사분원 ABD의 넓이＝원 넓이의 $\frac{1}{4}$
　　　　　　　　＝직사각형 BLNO의 넓이
　　　　　　　　＝정사각형 OUSR의 넓이
→ 원의 넓이＝직사각형 BLNO의 넓이×4
　　　　　＝정사각형 OUSR의 넓이×4

퀴드라트릭스를 이용한 원적 문제 해법

사분원과 퀴드라트릭스를 그린 다음 직선 BC를 아래로 연장한다. 점 J를 지나고 직선 BC의 연장선과 평행한 직선을 긋는다. 반지름 1과 같은 길이만큼 떨어진 점 K를 찾는다. 점 A와 점 K를 지나는 직선이 직선 BC의 연장선과 만나는 점 L을 찾는다. 이때 닮은 삼각형의 비례식을 이용하면 $\overline{\mathrm{BL}}$은 $\frac{\pi}{2}$가 된다. $\left(\frac{2}{\pi} : 1 = 1 : \overline{\mathrm{BL}} \right)$ $\overline{\mathrm{OB}}$를 $\frac{1}{2}$로 하여 직사각형 BLNO를 얻는다. 그리고 직사각형을 정사각형으로 치환하는 작도법을 통해 이 직사각형과 넓이가 같은 정사각형 OUSR을 얻는다. 이때,

　　사분원 ABD의 넓이＝$\frac{\pi}{4}$

　　직사각형 BLNO의 넓이＝$\frac{\pi}{2} \times \frac{1}{2} = \frac{\pi}{4}$

　　정사각형 OUSR의 넓이＝$\frac{\sqrt{\pi}}{2} \times \frac{\sqrt{\pi}}{2} = \frac{\pi}{4}$

∴ 사분원 ABD의 넓이＝직사각형 BLNO의 넓이＝정사각형 OUSR의 넓이
원의 넓이와 같은 정사각형은 정사각형 OUSR을 네 개 붙여 나오는 정사각형이다.

이 사실을 이용하면 원적 문제는 해결된다. 앞의 그림에서 부채꼴 ABD는 전체 원의 $\frac{1}{4}$에 해당한다. 그런데 이 부분의 넓이는 직사각형 BLNO와 같고, 정사각형 OUSR과도 같다.

그러나 디노스트라투스의 해법은 원적 문제의 해법으로 인정받지 못했다. 자와 컴퍼스만을 사용해야 한다는 규칙을 위반했기 때문이다. 쿼드라트릭스는 자와 컴퍼스로 작도 가능한 곡선이 아니다. 직선과 원을 이용한 해법이 아니다. 원적 문제는 자와 컴퍼스만으로, 유한 번의 조작과 작도를 통해서만 풀어야 했다.

아르키메데스도 아르키메데스 나선이라는 곡선을 만들어서 원적 문제의 해법을 제시했다. 물론 온전한 해법으로 인정받지 못했다. 이 나선 역시 자와 컴퍼스를 갖고 작도 가능한 곡선이 아니었기 때문이다. 이 나선은 점 O를 중심으로 일정한 속도로 회전하면서 밖으로 뻗어나가는 점이 그리는 자취다.(아래 그림에서 초록색) 이 선이 한 바퀴 돌아 점 P에서 만난다. 직선 PT는 점 P에서의 접선이다. 이때 삼각형 OPT는 OP를 반지름으로 하는 원의 넓이와 같다. 원과 넓이가 같은 직각삼각형을 찾았다. 이 직각삼각형을 작도법에 의해 정사각형으로 바꾸는 건 쉽다.

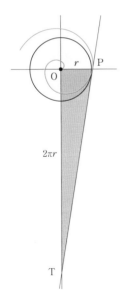

히피아스와 아르키메데스의 곡선은 그리스 수학계에 등장한 독특한 곡선이었다. 이 곡선은 모두 원적 문제의 풀이과정에서 등장했다. 다른 도형, 다른 곡선을 이용해서 원적 문제에 접근해보려는 시도의 산물이었다. 이 두 곡선 말고 다른 곡선도

있었다.

추상적이고 이론적으로 수학을 했다는 고대 그리스에서 원적 문제는 해결되지 못했다. 해법이 없었던 건 아니지만, 까다로운 제한조건 때문에 인정받지 못했다. 제한조건을 벗어난 해법들이 등장한 사례를 보면, 고대 그리스인들도 조건을 모두 지키면서 원적 문제를 해결한다는 게 어려운 시도임을 어느 정도 직감했던 듯하다. 그러나 이 직감 역시 증명해내지는 못했다. 원적 문제가 가능하다는 것도, 불가능하다는 것도 증명하지 못했다.

근대에 다시 부활되었으나 실패

고대 그리스 이후 로마와 중세로 이어지는 서양의 역사에서 수학은 퇴보했다. 원적 문제도 마찬가지였다. 그러다가 이슬람문명권에서 11세기경부터 원적 문제에 빠져든 수학자들이 나타나기 시작했다. 이 문제의 해결이 가능하다면서 호기롭게 도전했지만, 그들도 해법을 내놓지는 못했다.

중세 서양인들도 이 문제를 언급하기 시작했다. 그 수준은 조잡하기 짝이 없었다. 1050년경 리에주의 프랑코(Franco of Liège)는 원적에 관한 논문을 썼는데 당시 그는 직사각형의 면적조차 제대로 구할 줄 몰랐다. 하물며 원적 문제랴! 14세기 작센의 알베르트(Albert of Saxony)가 쓴 원적 문제에 관한 논문은 수학 논문이라기보다는 철학적 논쟁에 가까웠다.

15세기에 이르러 이 문제에 대한 학문적 접근이 이뤄졌다. 그 장본인은 주교이자 철학자로 기하학에도 관심을 보였던 쿠사의 니콜라스였다. 그는 원의 정사각형화가 가능하다는 걸 증명하려 했다. 그의 아이디어는 그 정사각형이 원에 내접하는 다각형과 외접하는 다각형의 사이에 있다는 것이었다. 정확히 어디일까? 그는 두 다각형의 평균이라고 생각했다. 그럴 듯한 아이디어처럼 보인다. 둘 사이에 답이 있으니 평균쯤으로 잡으면 맞을 것 같다. 그러나 왜 그 예상이 맞다는 건지 설명하지 못했다. 증명 없는 추측일 뿐이다. 그 역시 실패했다. 답을 구하지 못했지만 그는 이 문제에 대한 관심을 촉발시켰다. 그로 말미암아 이 문제는 사람들에게 더 알려졌다.

르네상스의 대표적인 천재였던 레오나르도 다빈치도 원적 문제에 관심을 기울인 한 사람이었다. 그는 주로 고대 그리스인의 접근방식 중 하나였던 기계적인 방법을 이용하여 이 문제에 접근했다. 그는 높이가 반지름의 절반과 같은 원기둥을 택하여 한 바퀴 굴리면 바퀴가 지나간 직사각형의 면적이 바퀴의 면적과 똑같다고 했다. 그가 말한 직사각형의 넓이는 $2\pi r \times \frac{r}{2}$ 로 πr^2이 된다. 맞는 말이지만 이것 역시 작도는 아니다.

1559년에는 프랑스 수학자 뷔테오(Johannes Buteo)가 π의 역사와 그에 관한 문제를 설명하는 최초의 서적을 세상에 내놓았다. 16세기에 π나 원적 문제 논의는 더 풍성해졌다. 원적 문제를 해결했다는 철학자나 수학자가 나타났다. 하지만 어떤 주장도 완전한 증명은 아니었다.

오답 속 아이디어

자와 컴퍼스만으로도 가능해! VS 자와 컴퍼스만으로는 안 돼!

원적 문제에 대한 도전은 모두 실패했다. 원과 넓이가 같은 정사각형을 찾지 못한 건 아니었다. 아르키메데스는 원의 넓이 공식을 밝혀냈다. 히피아스와 아르키메데스는 다른 곡선을 통해서 원의 정사각형화를 해결했다. 그러나 자와 컴퍼스로 작도해야 한다는 제한조건을 지키지 못해 정답으로

세상을 바꾼 위대한 오답

인정받지 못했다. 원적 문제에 도전했던 이들은 이 문제가 해결 가능하다고 생각했다. 조금만 더 노력한다면 자와 컴퍼스만으로도 찾을 수 있을 것이라고 믿었다.

하지만 원적 문제가 가능하다고 생각한 이들은 주로 아마추어 수학자들이었다. 이름깨나 있는 수학자가 원적 문제에 대한 해답이라고 내놓은 증명은 없다. 그 정도 수준의 수학자들은 대부분 자와 컴퍼스만으로 원적 문제 해결이 어렵다고 생각했다. 히피아스나 아르키메데스가 다른 곡선을 이용하여 원적 문제를 풀었다는 게 좋은 증거다. 가능성과 불가능성이 뒤섞여 다양한 시도와 오답들이 출몰했다. 모두 제한조건 때문이었다.

왜 그렇게 자와 컴퍼스를 고집했을까? 직선과 원에 대한 아름다움 때문이라고도 하지만 더 중요한 속사정이 있었다. 자와 컴퍼스가 아닌 방법은 그들의 수학으로 완벽하게 설명할 수 없었기 때문이다. 논리란 비약이 없고, 모든 게 증명 내지는 설명 가능해야 한다. 그리스인들에게 논리란 자와 컴퍼스로 접근 가능한 곳까지였다. 유클리드 기하학은 두 개의 도구로 촘촘하게 구성해놓은 논리의 세계였다. 이 도구 이외의 것을 이용한 시도는 그들이 구축해놓은 논리 범위를 넘어서버린다. 그래서 그들은 자와 컴퍼스로 국한했다. 단지 풀어내는 게 아니라, 논리적으로 증명 가능한 방식으로 풀고자 했다.

작도한다는 게 뭐지?

원적 문제에 대한 도전은 1600년대에 이르러 매우 중대한 전환을 맞이하게 된다. 원적 문제를 둘러싸고 전과는 전혀 다른 물음이 제기됐다.

'원과 넓이가 같은 정사각형을 자와 컴퍼스만으로 작도할 수 있느냐?'가 원래 풀어야 할 문제였다. 원하는 답은 가능하다, 가능하지 않다 둘 중 하나다. 가능할 것이라고 생각했던 사람들은 곧이곧대로 그 정사각형을 찾으려 했다. 찾아서 보여주면 모든 문제는 깔끔하게 마무리된다. 그러나 생각만큼 쉽게 해법이 나오지 않았다. 그 과정에서 이 문제가 해결 불가능한 것 아니냐는 의문을 갖는 사람들이 생겼다. 그렇지만 그들도 불가능하다는 것을 보여주지는 못했다. 심증은 있으나 물증을 전혀 찾을 수 없었다.

17세기에 들어서 상황은 달라졌다. 구체적인 물증을 찾아가기 시작했다. 근대 서양이 고대 그리스의 수학으로부터 벗어나 독자적인 영역을 구축하면서부터다. 좌표를 기반으로 한 해석기하학이 큰 역할을 했다. 이 작업에는 데카르트(1596~1650)의 공헌이 컸다.

좌표는 2차원 평면의 모든 점들을 (2, 3)과 같은 방식으로 표현한다. 간단한 변환이지만 그 영향력은 대단했다.

좌표를 통해 점은 수가 된다. 그러면 점들의 집합인 도형들은 뭐가 될까? 점이 수이니 분명 수들의 집합이다. 데카르트는 이 수들의 집합을 수식으로 깔끔하게 표현했다. 직선은 $y = 2x - 4$와 같은 일차식으로, 원은 $x^2 + y^2 = 4$와 같은 이차식으로 바뀌었다. 기하학의 대상이었던 점과 도형은 대수학의 수와 수식으로 치환되었다. 반대 과정도 가능했다. 무의미해

보였던 수식들이 특정한 모양의 도형으로 시각화되었다. $3x+4y-5=1$, $2x^2+y^2+2x+3y=6$과 같은 식은 직선이나 원, 타원, 포물선 같은 모양이 있는 도형으로 나타났다.

좌표는 마법의 지팡이였다. 그림은 식이 되고, 식은 그림이 됐다. 효과는 어마어마했다. 문제를 달리 볼 수 있게 됐고, 해법 역시 다양해졌다. 기하학의 문제를 대수학 문제로, 대수학 문제를 기하학 문제로 바꿔 이해할 수 있었다. 기하학적인 해법을 대수학에 적용할 수 있었고, 대수학적인 해법을 기하학에 적용하는 것도 가능했다. 이런 발전은 원적 문제에 그대로 적용됐다.

자와 컴퍼스로 작도한다는 것은 무엇을 의미하는 걸까? 데카르트는 이렇게 물었다. 그는 작도를 대수적으로 이해하려 했다. 자로 선을 긋고, 컴퍼스로 원을 그리고, 직선과 원의 교점을 찾아나가며 해를 구해가는 작도과정을 수식의 전개과정으로 바꿔 이해했다. 그는 자와 컴퍼스로 작도하는 게 뭘하는 것이고, 어떤 작업까지 할 수 있는 것인지를 물었다. 작도 가능한 영역과 범위를 파악해 원적 문제가 그 안에 포함되는지를 살펴보려 했다.

질문은 이제 바뀌었다. 작도를 통해 원적 문제를 해결 가능한가의 여부를 의심했다. 열심히 아이디어를 짜내 정사각형을 찾아 나서던 과거와는 달랐다. 자와 컴퍼스로 할 수 있는 작업이 무엇인지 명확히 알아내, 원적 문제를 해결할 수 있는지를 물었다. 비유하자면 레고를 '열심히' 조립해 주어진 이미지를 만들어내는 게 아니었다. 어떤 모양의 레고가 주어져 있는지, 그 레고들을 조립하면 어떤 다양한 모양이 만들어지는지 확인하여 주어진 이미지를 만들어낼 수 있는가를 알아보는 것으로 달라졌다.

데카르트는 작도를 통해 만들어낼 수 있는 작도수의 범위를 생각해냈다. 작도는 주어진 선분을 가지고 자와 컴퍼스로 조작하는 작업이다. 작도는 두 선분을 더하고 빼는 것뿐만 아니라 곱하고 나누는 것까지 할 수 있다. 사칙연산이 다 가능하다. 그것만이 전부가 아니다. 작도는 직각삼각형의 비례를 이용해 제곱근도 만들어낼 수 있다. 따라서 작도수의 범위는 유리수를 가지고 사칙연산을 하고 제곱근을 만들어내는 것까지이다. 이 과정을 유한 번 하여 만들어낼 수 있는 모든 수가 작도 가능한 수이다. 작도수의 범위에 속하는 문제는 작도를 통해서 해결 가능한 문제였다.

작도수: 유리수의 사칙연산과 제곱근으로 만들어낼 수 있는 수

자와 컴퍼스로 작도한다는 것은 직선과 원을 이용해 해를 구하는 것이다. 컴퍼스로는 일정한 길이를 다른 곳으로 옮길 수 있다. 자는 두 점 사이의 직선을 긋는다. 이 두 가지 방법만으로 모든 작도는 이뤄진다. 이 방법으로 만들어낼 수 있는 작도수에는 어떤 것들이 있는지 알아보자. 그러려면 어떤 연산이 가능한가를 조사해야 한다.

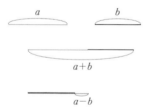

두 선분 a, b가 주어져 있다. 모든 선분의 길이는 수이므로, 두 개의 수가 주어진 것과 같다. 가장 기본적인 연산은 덧셈과 뺄셈이다. 두 선분의 길이를 더하거나 빼면 된다. 그 결과가 덧셈과 뺄셈의 답이다.

곱셈과 나눗셈도 가능하다. 닮음과 비례를 이용하면 곱셈과 나눗셈의 답에 해당하는 길이를 구할 수 있다. 단위길이 1과 a, b라는 세 개의 길이를 다음과 같이 배치하자. x를 구하면 그 값이 ab, $a \div b$가 된다. 작도를 통해서도 사칙연산을 완벽하게 구사할 수 있다.

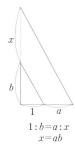

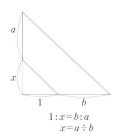

$$1:b=a:x$$
$$x=ab$$

$$1:x=b:a$$
$$x=a\div b$$

작도를 통해 제곱근도 자유자재로 만들어낼 수 있다. $\sqrt{a}$의 작도법을 보자. 1과 a의 길이를 더하면 그 길이는 $a+1$이 된다. 이 길이를 지름으로 하는 원을 그린 후 오른쪽 그림과 같이 수선을 작도하면 이 수선의 길이가 $x=\sqrt{a}$이다. 이 삼각형은 직각삼각형인데 직각삼각형의 비례관계에 의해서 $x^2=1\times a$가 된다. 고로 $x=\sqrt{a}$이다. 이때 1의 길이 대신에 b가 들어가면 $x=\sqrt{ab}$, $a=\sqrt{2}$이면 $\sqrt{\sqrt{2}}$가 된다.

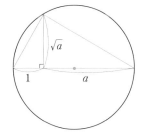

작도로 가능한 연산은 사칙연산과 제곱근이다. 처음 주어진 길이를 1이라고 하자. 작도로 더하고 빼고 곱하고 나누면 모든 유리수를 만들어낼 수 있다. 유리수에 제곱근 연산까지 하면 $\sqrt{2}$, $\sqrt{5}$ 같은 제곱근 무리수가 만들어진다. 이 수에 다시 사칙연산과 제곱근 연산을 한다면 $\sqrt{2}+1$, $\sqrt{2}+\sqrt{3}$, $\dfrac{1}{\sqrt{2}+\sqrt{3}}$, $\sqrt{\sqrt{2}+\sqrt{3}}$과 같이 좀 더 복잡한 수들이 만들어진다. 그러나 $\sqrt[3]{5}$, $\sqrt[5]{7}$과 같이 제곱근이 아닌, 3제곱근이나 5제곱근과 같은 무리수는 작도수가 아니다.

원적 문제의 해인 정사각형 한 변의 길이는 작도수인가? 문제는 결국 이렇게 바뀌었다. 원적 문제는 반지름을 r이라고 할 때 넓이가 πr^2이(π는 원주율) 되는 정사각형을 작도하는 문제다. 한 변의 길이가 $\sqrt{\pi}r$인 정사각형이다. 작도로 말하면, 반지름 r만큼의 길이가 주어졌을 때 $\sqrt{\pi}r$인 길이를 만들어낼 수 있느냐의 문제다. r로부터 $\sqrt{\pi}r$의 길이를 작도해낼 수 있는가?

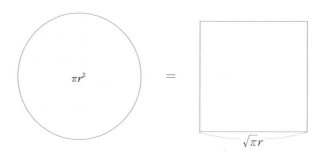

$$\pi r^2 \quad = \quad$$

$$\sqrt{\pi} r$$

원적 문제는 결국 π가 작도수인가 아닌가의 문제였다. π가 작도수라면 $\sqrt{\pi}$도 작도수이다. $\sqrt{\pi}$는 π의 제곱근이므로 π만 주어져 있다면 작도해낼 수 있다. π가 작도수가 아니라면 $\sqrt{\pi}$ 역시 작도수가 아니다. π의 여부에 따라 원적 문제의 결론이 판가름 난다.

원적 문제는 해결 불가능하다! 스코틀랜드의 수학자인 제임스 그레고리 (1638~1675)가 시도했던 증명이었다. 그는 여러 나라의 수학을 공부했는데 특히 무한급수 전개에 관심이 많았다. 그레고리 급수로 이름 붙여진 것도 있다. 그는 이런 아이디어를 이용하여 원의 구적이 불가능하다고 생각했다. π가 작도수가 아니라고 생각했다. 작도수는 대수적 수인데, π는 작도수가 아닌 초월수라는 것을 보임으로써 증명하려 했다. 1667년에 출판된 책을 통해 이 시도를 했으나 성공하지 못했다. 당대 사람들은 π가 어떤 수인지 아직 밝히지 못했다. 동시대의 유명한 수학자였던 호이겐스는 π가 대수적 수라고 생각할 정도로 의견이 분분했다. π가 어떤 수인지 밝히지 못했기에 원적 문제에 대한 결론 역시 마무리 짓지 못했다.

세상을 바꾼 위대한 오답

원적 문제 해결은 불가능!

제임스 그레고리 이후 약 100년이 지난 1761년 원주율 π에 대해 중요한 사실이 증명됐다. 독일의 수학자 람베르트가 π가 무리수라는 것을 증명했다. 추정되었던 대로 원주율 π가 유리수가 아닐 것이라는 점이 기정사실로 판명되었다. 그러나 이 증명으로 원적 문제가 결론 지어진 것은 아니었다. 무리수라고 해서 모두 작도 불가능한 건 아니기 때문이다. 무리수 중 제곱근 $\sqrt{\ }$가 들어간 무리수는 작도 가능하다. $\sqrt{\sqrt{2}}$처럼 제곱근에 제곱근이 들어간 수도 작도 가능하다. 원적 문제의 결론을 내기 위해서 π가 작도수인지 아닌지를 밝혀내야 했다.

1882년 독일의 수학자 린데만은 원적 문제를 결론 냈다. 문제가 등장한 지 2,000년이 훨씬 넘은 19세기 후반에야 비로소 완전한 증명이 제시됐다. 그는 원적 문제가 해결 불가능하다는 것을 증명했다.

린데만이 보인 증명은 π가 대수적 수가 아니라 초월수라는 것이었다. 이 증명이 원적 문제의 결론인 이유는 작도 가능한 수는 모두 대수적 수에 속하기 때문이다. 대수적 수가 아닌 수는 작도할 수 없는데, 초월수가 바로 대수적 수가 아닌 수이다. π가 초월수라면 π는 작도 불가능한 수가 된다. 자와 컴퍼스만으로는 원과 넓이가 같은 정사각형을 작도해낼 수 없다.

π가 어떤 수인가에 대한 증명은 원적 문제의 가능 여부에 종지부를 찍었다. 그러나 그 증명이 원적 문제를 해결해보려는 시도를 일시에 끝내지는 못했다. 증명이 제시된 것과는 무관하게 원적 문제를 해결했다는 주장을

책으로 출판하기까지 한 사람도 있었다. 누구에게는 오답이 정답이고, 정답이 오답이다. 다른 모습으로 오답과 정답은 뒤섞여 있다.

10장

한 점을 지나는
평행선은 하나인가?

P
●

l

직선 *l* 밖의 한 점 P를 지나면서 직선 *l*과 평행인 직선은 하나다! 기원전 3세기에 유클리드가 제시한 공리다. 당연해 보인다. '증명 없이' 제시된 이 공리는 당대부터 큰 관심거리가 되었다. 공리가 아니라 '증명 가능한 정리'인데, 유클리드가 실수한 것이라 본 것이다. 그걸 입증하여 유클리드를 넘어서 보려는 시도가 이어졌다. 이 공리는 앨리스를 이상한 나라로 데려다준 굴과 같았다. 기대하지 않았던 이상하고 기이한 수학의 세계로 연결되었다.

① 2세기 고대 그리스, 프톨레마이오스

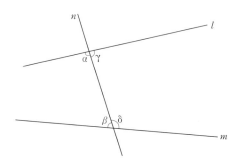

α, β : 두 내각의 합$(\alpha+\beta)$이 $180°$보다 작은 쪽

γ, δ : 두 내각의 합$(\gamma+\delta)$이 $180°$보다 큰 쪽

두 내각의 합이 직각의 두 배$(=180°)$보다 작은 쪽에서 두 직선 l, m이 서로 만나지 않는다고 하자. 두 내각의 합이 $180°$보다 큰 쪽에서는 더욱더 두 직선이 만나지 않는다. 두 직선 l, m은 만나지 않으므로 서로 평행하다. 그런데 평행선의 경우 두 내각의 합은 $180°$가 되어야 한다. 그러므로 평행선 l, m에서 두 내각의 합은 $180°$보다 작으면서 또한 $180°$이어야 한다. 이건 모순이다. 이 모순은 두 내각의 합이 $180°$보다 작은 쪽에서 두 직선이 만나지 않는다고 가정했기 때문에 발생했다. 고로 두 직선 l, m은 두 내각의 합이 작은 쪽에서 서로 만나야 한다.

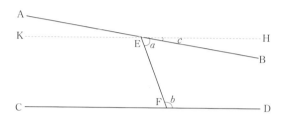

직선 AB와 직선 CD가 있다. 다른 직선 EF가 이 두 직선과 만난다. 이때 생기는 두 각 a, b 의 합이 180°보다 작다. 그러면 직선 AB, CD가 두 각이 있는 쪽에서 만난다는 걸 보이겠다.

각 a, b의 합이 180°보다 작으므로, 두 각의 합과 180°의 차이 c를 생각할 수 있다.

$$180° - (a+b) = c$$

각 HEB가 c만큼이 되도록 직선 HE를 그린 다음, HE를 연장하여 직선 HEK를 만든다. 그러면 직선 HK와 CD는 평행하다. 두 직선과 직선 EF에 의해 생기는 두 내각 $(a+c)$ 와 b의 합이 180°이기 때문이다.

그런데 직선 AB는 직선 KH와 만났다. 고로 AB를 연장하면 직선 AB와 직선 CD도 만나게 된다. 그러므로 직선 AB와 직선 CD는 두 내각의 합이 180°보다 작은 쪽에서 만난다.

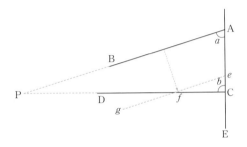

직선 AB, 직선 CD와 만나는 직선 ACE가 있다. 두 내각 a, b의 합은 180°보다 작다. 직선 AB를 평행하게 움직여서 e와 g의 위치에 오도록, 삼각형 efC와 삼각형 APC가 닮은 삼각형이 되도록 만든다. 이 경우 점 P는 직선 AB와 직선 CD를 연장했을 때 만나는 점이다. 고로 직선 AB와 직선 CD는 두 내각의 합이 180°보다 작은 쪽에서 만난다.

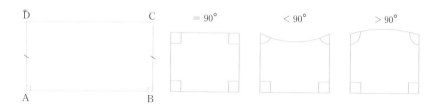

선분 AB의 양 끝점에서 수선을 긋는다. $\overline{AD}=\overline{BC}$가 되도록 C와 D를 잡는다. 그러면 삼각형 ACD와 삼각형 BCD는 합동이 된다. ($\overline{AD}=\overline{BC}$, $\overline{AC}=\overline{BD}$, $\overline{CD}$는 공통). 고로 ∠C와 ∠D는 같다. 이 두 각의 크기는 예각($< 90°$), 직각($= 90°$), 둔각($> 90°$)의 가능성을 갖는다. 직각의 전제, 둔각의 전제, 예각의 전제. 세 전제 중에서 둔각과 예각의 경우를 제거함으로써 직각의 전제가 타당함을 보이려 했다. 둔각의 경우는 제외했으나, 예각의 전제에서 모순을 찾는 건 불가능했다.

평행선이 하나라고 가정하고 증명해 실패

평행선의 개수를 다루는 듯한 이 문제는 기하학의 부분적인 문제처럼 보인다. 그러나 이 문제는 3대 작도문제에 이어 기하학의 네 번째 문제라 불릴 정도로 유명한 문제였다. 어떤 이는 과학사에서 가장 유명한 단 하나의 발언이라고 할 정도였다. 그만큼 이 문제의 영향력이 막강했다. 기원전 300년 경 유클리드는 『원론』에서 이 공리를 다음과 같이 기술했다.

'한 직선이 두 직선과 만나서 같은 쪽에 있는 내각들의 합이 평각(180°)보다 작을 때, 두 직선을 한없이 연장하면 내각들의 합이 평각보다 작은 쪽에서 두 직선은 만난다.'

직선 g가 두 직선 h, k와 만난다. 그로 인해 네 개의 내각이 만들어진다. 이때 두 직선 h와 k를 한없이 연장하면 두 내각의 합이 180°보다 작은 쪽, α와 β가 있는 쪽에서 만난다는 뜻이다. 당연한 이야기 아닌가!

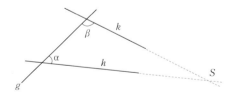

이 공리와 평행선의 개수가 무슨 관계가 있는 걸까? 직접적으로는 무관해 보인다. 이 공리는 어느 쪽에서 두 직선이 만나는가를 기술할 뿐이다. 하

지만 두 내각의 합이 180°가 되는 경우를 가정해보자. 180°가 되면 어느 쪽에서도 만나지 않는다. 평행이 된다. 두 내각이 180°가 되는 경우는 딱 하나이므로 평행선의 개수는 하나다.

평행선 공리의 역사는 내용이 맞냐 틀리냐의 문제가 아니었다. 증명이 필요 없는 당연한 사실로 볼 것이냐, 증명 가능한 정리로 볼 것이냐의 문제였다. 유클리드는 증명 없이 받아들여야 할 당연한 사실인 공리로 제시했다. 게다가 간단 명료하게 기술된 다른 공리와는 달리 길고 복잡한 문장으로! 공리로부터 이끌어낸 정리 같았다. 의미하는 바도 복잡해 자명하지 않았다. 이런 찜찜함은 유클리드의 수상쩍은 행동에서도 나타났다. 그는 이 공리를 적극적으로 사용하지 않고 미루다가 나중에 어쩔 수 없는 대목에서야 비로소 활용했다.

이 공리의 역이 공리가 아닌 정리라는 사실도 작용했다. 유클리드는 『원론』 1권의 정리17에서 평행선 공리의 역에 해당하는 정리를 증명했다. 역이 정리라면 평행선 공리 역시 정리일 거라고 추측할 법하지 않은가.

이런저런 사정들은 사람들로 하여금 평행선 공리를 정리로 보게끔 했다. 정리라면 그건 명백하게 유클리드의 실수이거나 미숙함이었다. 사람들은 유클리드의 이 실수를 그냥 넘어가려 하지 않았다. 그의 실수를 지적하고, 수정해주려고 했다. 이러한 도전은 당대뿐만 아니라 그 이후, 현대에 이르기까지도 이어졌다. 이 문제는 유명한 문제가 됐고, 의도치 않게 엄청난 세계의 문을 열어버렸다.

❶은 2세기경 수학자인 프톨레마이오스가 시도한 증명이다. 그는 두 내

각의 합이 $180°$보다 작은 쪽에서 만나지 않는다고 가정한 후 모순을 이끌어냈다. 이 가정이 모순이라는 걸 보임으로써 작은 쪽에서 만나야 한다고 증명하려 했다.

어떻게 모순을 유도했을까? 그가 모순을 유도한 지점은 문제 삼은 두 내각의 합이 얼마인가 하느냐였다. 처음에 그는 두 내각의 합이 $180°$보다 작은 쪽을 택했다. 그런 후 두 직선이 만나지 않는다고 가정했다. 이 가정으로부터 두 직선은 평행인 관계가 된다. 평행인 두 직선의 두 내각의 합은 $180°$이다. 결국 문제 삼은 두 내각의 합은 $180°$이면서 $180°$보다 작아야 한다. 그럴 수는 없다. 모순이다. 이 모순은 두 내각의 합이 작은 쪽에서 만나지 않는다는 전제에서 비롯됐다. 고로 두 내각의 합이 $180°$보다 작은 쪽에서 만나야 한다. 이로써 평행선 공리는 증명됐다! 이것이 그의 스토리였다.

프톨레마이오스의 증명은 그럴 듯하다. 주장처럼 두 내각의 합이 작은 쪽에서 만나지 않으면 모순이 일어나게 된다. 만나야만 한다. 그러나 그의 시도는 실패였다. 프톨레마이오스는 평행선 공리를 증명하려고 했으나, 그 과정에서 자신도 모르게 평행선 공리를 증명 없이 사용해버렸다. 어디에서? 그가 평행선의 경우 두 내각의 합이 $180°$라는 것을 보인 부분에서였다. 그는 평행이기에 a, b에 대해 성립하는 게 c, d에 대해서도 성립한다고 했다. 그러나 언제나 그럴까? 그렇지 않다. 평행선이 하나인 경우만 그렇다. 평행선이 하나가 아니라면 이야기는 달라진다.

프톨레마이오스는 평행선 공리를 사용하여 평행선 공리를 증명했다. 이게 말이 되는가? 증명하려는 결론을 발판 삼아 그걸 증명하다니! 이건 순환논법이다.

세상을 바꾼 위대한 오답

평행선의 두 내각의 합이 180°라는 프톨레마이오스의 증명

그는 먼저 평행인 경우 두 내각의 합이 180°라는 걸 보였다.

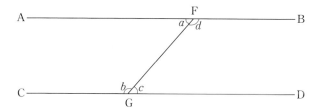

　　직선 AB와 직선 CD는 평행하다. 두 직선을 다른 직선 FG가 만난다. 이때 ∠a와 ∠b의 합은 180°보다 크거나, 같거나, 작을 것이다. 그리고 직선 AF와 직선 CG, 직선 BF와 직선 DG는 모두 평행이므로 두 내각 a, b에 대해서 성립하는 게 c, d에 대해서도 성립한다. 그렇다면

　　$a+b>180°$이면 $c+d>180°$이고, $a+b=180°$이면 $c+d=180°$이고, $a+b<180°$이면 $c+d<180°$이다.

　　그런데 '$a+b+c+d=360°$'가 되어야 한다. 두 평각의 합이기 때문이다. 그러려면 '$a+b=180°$'가 되어야 한다. 그렇지 않으면 '$a+b+c+d>360°$'이거나 '$a+b+c+d<360°$'이기 때문이다. 평행일 경우 두 내각의 합은 180°이다.

　　이제 평행선 공리 증명이다. 프톨레마이오스는 두 내각의 합이 180°보다 작은 쪽을 택한 후 그쪽에서 만나지 않는다고 가정했다. 두 직선이 평행이란 뜻이다. 평행이라면 두 내각의 합은 180°가 되어야 한다. 그런데 처음에 두 내각의 합은 180°보다 작다고 했다. 그렇다면 두 내각의 합은 180°이면서 180°보다 작아야 한다. 모순이다. 고로 두 직선은 두 내각의 합이 180°보다 작은 쪽에서 만나야 한다.

평행선 공리와 같은 전제를 사용했으므로 실패

프로클로스는 5세기경에 활동했고 유클리드의 『원론』에 대한 주석서를 남겼다. 그에 따르면 평행선 공리는 처음부터 뜨거운 감자였다. 당시 그리

스에 이 공리를 증명하려 했거나, 다른 공리를 택해서 평행선 공리를 없애려 한 시도도 있었다고 한다. 프로클로스도 직접 증명에 나섰다.

프로클로스는 '평행선 사이의 거리가 일정하다'는 사실을 이용했다. 평행 상태에 있는 두 직선 a, b 중 직선 a와 만나는 다른 직선 c가 있다. 이 직선 c를 계속 연장한다. 평행선은 거리가 일정하므로 직선 b도 직선 c와 언젠가는 만나게 된다. 그림으로 그려보면 당연한 이야기다. 평행한 두 선 중 하나와 만난 직선을 쭉 연장한다면 나머지 평행선과도 만나게 된다. 이때 직선들이 만난 쪽을 자세히 보라. 직선 c와 직선 a가 만나는 쪽, 직선 c와 직선 b가 만나는 쪽은 모두 두 내각의 합이 $180°$보다 작은 쪽이다. 내각의 합이 $180°$보다 작은 쪽에서 두 직선은 만나게 된다. 그는 이렇게 증명했다.

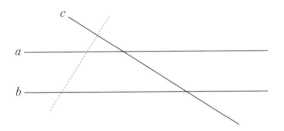

프로클로스의 시도 역시 유클리드를 넘지 못했다. 어디에 오류가 있었던 걸까? 그는 평행선의 경우 그 거리가 일정하다고 했다. 우리에게 익숙한 평면 위 평행선에서 이 사실은 맞다. 그러나 평행이면서 그 거리가 일정하지 않은 경우도 있다. 왼쪽 그림은 말안장처럼 오목한 곡면 위에서의 평행선이다. 두 선의 거리는 일정하지 않다는 것을 볼 수 있다. 오직 평

그는 평행선의 거리가 일정하다는 사실로부터 '평행인 두 직선 중 하나와 만나는 어떤 직선은 나머지 다른 직선과도 만난다'는 것을 아래와 같이 먼저 보였다.

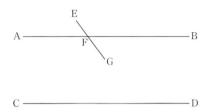

AB와 CD는 평행이다. EG는 AB와 점 F에서 만난다. 이 상태에서 직선 FG가 뻗어나가면 BF와 FG 사이의 거리는 무한히 커진다. 그런데 평행인 두 직선 AB와 CD의 거리는 일정하다. 고로 직선 FG는 언젠가 직선 CD를 자르고 지나간다. 이 사실을 이용하여 본격적인 증명으로 들어간다.

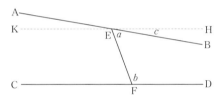

직선 AB와 직선 CD가 있다. 두 직선을 직선 EF가 지난다. 이때 생기는 두 각 a, b의 합은 $180°$보다 작다. 그러면 a, b가 있는 쪽에서 직선 AB와 CD가 만난다는 것을 보이겠다.

점 E를 지나고 직선 CD에 평행인 직선을 긋기 위해 $180° - (a+b)$만큼의 각이 되도록 직선 EH를 긋는다. 이 선을 연장하면 직선 KEH가 된다. 직선 KEH는 직선 CD와 평행하다. 둘 사이의 거리도 일정하다. 그런데 직선 AB는 직선 KEH와 점 E에서 만난다. 그리고 직선 EB는 직선 CD를 향해 무한히 뻗어간다. 평행선의 거리는 일정하므로, 직선 AB는 언젠가 직선 CD와 만난다. 두 내각의 합이 $180°$보다 작은 쪽에서 만난다.

면 위에서만 그 거리가 일정하다. 프로클로스의 증명은 평면 위에서의 평행을 가정해야만 하는데 이는 유클리드가 제시한 평행선 공리와 동치다.

프로클로스 역시 평행선 공리를 가정해서 평행선 공리를 증명한 셈이다. 프톨레마이오스가 보여준 오류를 다른 모습으로 보였다.

또 평행선이 하나라고 가정해서 실패

17세기 영국의 수학자 존 월리스는 뉴턴이 존경할 만큼 대단한 수학자였다. 뉴턴에게도 상당한 영향을 끼친 월리스 역시 평행선 공리를 공략했다. 월리스는 닮은 삼각형과 삼각형의 성질을 이용해 증명했다. 평행하지 않은 두 직선 중 하나를 평행 이동하여 두 개의 닮은 삼각형을 만들어냈다. 삼각형의 꼭짓점은 두 직선이 만난 점이다. 아래 그림에서 점 C는 직선 AC와 직선 BC의 교점이다. 그런데 삼각형의 내각의 합이 $180°$이므로, 각 A와 각 B의 합은 $180°$보다 작다. 즉 두 직선은 내각의 합이 $180°$보다 작은 쪽에서 만난다.

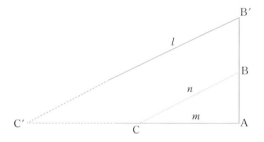

월리스 증명의 핵심은 닮은 삼각형을 자유롭게 만들어낼 수 있다는 데에 있다. 직선을 평행이동해 닮은 삼각형을 만들어내면 증명은 자연스럽게 완성된다. 이 증명에는 문제점이 없을까? 아니다. 있다! 문제는 닮은 삼각형

세상을 바꾼 위대한 오답

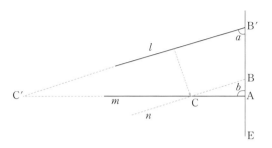

직선 l, m이 있다. l과 평행인 직선 n을 통해서 삼각형 ABC를 만든다. 이 삼각형은 삼각형 AB′C′와 닮은 삼각형 관계에 있다. ∠B=∠B′, ∠C=∠C′, ∠C는 공통. 여기서 점 C′은 직선 l과 직선 m을 연장하여 만난 점이다.

점 C는 직선 n, m이 만나서 생긴 점이고, 두 내각의 합이 180°보다 작은 쪽이다. 두 내각은 ∠A와 ∠B인데 그 두 각의 합은 180°보다 작다. 삼각형 내각의 합(∠A+∠B+∠B)이 180°이므로, ∠A와 ∠B의 합은 180°보다 작기 때문이다.

점 C′는 직선 l, m이 만난 점이다. 이 점 또한 두 내각의 합이 180°보다 작은 쪽일 수밖에 없다. 삼각형 ABC와 삼각형 AB′C′가 닮은 삼각형 관계인데 점 C가 두 내각의 합이 180°보다 작은 쪽에서 만났기 때문이다. 결국 두 내각의 합이 180°보다 작은 쪽에서 직선 l, m이 만난다. 평행선 공리는 이렇게 증명된다.

이 언제나 막 만들어지는 건 아니라는 점이다.

만약 평행선이 하나가 아니라면 어떻게 될지를 생각해보라. 평행선이 두 개라면 대응하는 각과 변의 길이의 비가 다른 삼각형들이 만들어진다. 평행선의 개수에 따라 닮은 삼각형의 존재 여부는 달라진다. 오직 하나의 평행선만 그릴 수 있을 때, 평행선 공리가 적용될 때만 닮은 삼각형을 만들어낼 수 있다.

월리스 역시 유클리드 정복에 실패했다. 평행선이 하나라는 가정 하에서만 월리스의 증명은 유효하다. 그 역시 평행선 공리를 가정해 평행선 공리를 증명한 꼴이 돼버렸다. 이전의 선배들이 범한 실수를 또 반복했다.

평행선 공리가 틀렸다고 가정해보자

유클리드를 정복하려던 시도들은 모두 실패했다. 평행선 공리를 다시금 가정하는 오류를 범했다. 평행선이 하나라는 것을 증명하려 했으나 증명해내지 못했다. 뭔가 다른 모색이 필요했다. 획기적인 시도가 출현한 건 18세기에 이르러서였다.

사케리(1667~1733)라는 이탈리아 수학자가 있었다. 사케리는 이전의 방법과는 다른 전략으로 평행선 공리의 정복에 나섰다. 그는 예수회 대학에서 교수직을 하다가 유클리드의 『원론』을 읽었다. 그중 귀류법에 매력을 느낀 그는 귀류법을 평행선 공리의 증명에 접목할 생각을 했다. 평행선 공리의 부정이 틀렸다는 걸 보이려 했다. 평행선 공리 이외의 경우가 틀렸다는 것을 보임으로써 평행선 공리를 증명하려 했다.

다음 그림에서 삼각형 ACD와 삼각형 BCD를 생각해보라. 두 도형은 합동이므로, ∠C와 ∠D는 같다. 이 각은 분명히 직각이거나, 직각보다 크거나, 직각보다 작을 것이다. 직각, 둔각, 예각 세 경우 중 하나에 해당한다. 평행선 공리는 두 각이 직각일 때를 말한다. 사케리는 두 각이 직각보다 크

거나, 직각보다 작은 경우를 제거
함으로써 직각인 경우만을 남기
려 했다. 그러면 자동적으로 평행
선 공리가 증명되는 것이다.

그는 둔각의 전제를 쉽게 제거
했다. 둔각이라는 건 구면과 같은 볼록한 상태일 때 가능하다. 그런데 이 경
우 직선의 길이는 무한히 길지 않다. 지구 표면 위에서의 직선은 둥그런 원
이 된다. 그는 직선이 무한히 길어야 한다며 둔각의 전제는 모순이라고 생
각했다. 남은 건 예각의 전제다. 그는 예각의 경우에서 모순을 찾으려 했으
나 이렇다 할 모순점을 찾지 못했다. 결과적으로 그의 의도는 달성되지 못
했다. 직각의 전제를 제외한 나머지 경우가 모두 불가능하다라는 결론이
나올 줄 알았는데 생각만큼 쉽지 않았다.

사케리는 평행선 공리가 당연히 성립할 것이기에, 평행선 공리의 부정에
모순이 있다는 걸 쉽게 밝힐 수 있으리라 기대했다. 그러나 세상만사가 꼭
우리의 기대에 수렴하지는 않는 법. 평행선 공리를 부정해도 논리적인 모
순이 바로 일어나지는 않았다.

당초 기대한 바를 이루지는 못했지만 사케리는 그 과정에서 중대한 사실
들과 마주쳤다. 그는 예각, 직각, 둔각을 가정할 경우 삼각형 세 내각의 합
이 각각 $180°$보다 작거나, 같거나, 크게 된다는 것을 발견했다. 그에 따라
직선 밖의 점을 지나고 그 직선에 평행인 평행선의 개수가 무수히 많거나,
단 하나거나, 하나도 존재하지 않게 된다고 했다.

	삼각형 내각의 합	평행선의 개수
예각의 전제	180°보다 작다.	무수히 많다.
직각의 전제	180°와 같다.	하나이다.
둔각의 전제	180°보다 크다.	존재하지 않는다.

만약 사케리가 이 사실을 그대로 받아들이고, 더 밀고 갔더라면 그는 기하학의 새로운 역사를 쓴 선구자가 됐을 것이다. 하지만 사케리에게 기하학이란 유클리드 기하학이 전부였다. 이 신념이 신세계로 나아가는 것을 가로막았다.

사케리 이후 람베르트(1728~1777)는 조금 다르게 접근했다. 그는 네 개의 각 중에서 세 개의 각이 직각인 사각형을 예로 들었다. 나머지 한 각의 크기를 예각, 직각, 둔각으로 열어놓은 상태에서 접근했다. 람베르트도 예각과 둔각의 경우를 제거하려고 했다. 그 역시 성공하지 못했다. 예각과 둔각의 경우에서 문제점이나 모순을 찾기 어려웠다. 결국 그는 평행선 공리 증명에 성공하지 못했음을 다음과 같이 인정했다.

"유클리드의 평행선 공리의 증명은 이제까지 본 것처럼 약간의 문제만 남아 있는 정도까지 나아갈 수 있었다. 그러나 주의 깊게 분석하면 이런 사사로운 문제 안에 가장 중요한 문제가 숨어 있다는 것을 알 수 있다. 여기에는 증명하려고 하는 어떤 명제 또는 그에 상응하는 공리가 역시 포함되어 있다."*

* 칼 B. 보이어 · 유타 C. 메르츠바흐, 『수학의 역사 · 하』, 양영오 · 조윤동 옮김, 경문사, 2000, 754쪽.

세상을 바꾼 위대한 오답

하지만 람베르트도 그 과정에서 놀라운 사실을 발견했다. 그는 세 각의 경우를 생각하면서 예각의 경우에 해당하는 곡면도 있다고 주장했다. 둔각의 경우는 구면 위와 같으므로 삼각형 내각의 합은 $180°$보다 크다. 그렇다면 삼각형 내각의 합이 $180°$보다 작은 경우도 있을 수 있겠다고 추측했다. 둔각의 경우가 구면과 같은 면 위에 해당한다면, 예각의 경우는 반지름이 허수인 구 위에 해당한다는 것까지 추측했다. 그리고 한 걸음 더 나아가, 삼각형 내각의 합에 비례하여 삼각형의 넓이가 줄거나 늘어난다는 것을 증명했다. 틀렸다고 증명하려던 세계에서 그는 논리적으로 추론 가능한 기이한 사실들을 발견했다.

평행선 공리도, 평행선 공리의 부정도 가능하다

억누르면 반드시 튀어나오고, 덮어버린 건 언젠가 드러나게 마련이다. 평행선 공리를 증명하려던 시도는 의외의 방향으로 흘러가고 있었다. 그 누구도 평행선 공리를 증명하지 못했다. 그렇다고 평행선 공리의 부정에 대해서 결론이 난 것도 아니었다. 19세기에 들어서자 상황은 달라졌다. 기존의 생각으로부터 탈피하여 이 상황을 바라보고 해석하는 수학자가 등장했다. 그 첫 주자는 가우스였다.

가우스(1777~1855)는 어렸을 때부터 유클리드 기하학을 배웠다. 단순히 공부하는 데 그치지 않고 의심의 눈으로 정독했다. 그런 그가 평행선 공리를 비판했음은 당연하다. 그러나 가우스는 평행선 공리를 증명하려 하지 않고 이 공리가 타당한지를 물었다. 그의 결론은 평행선 공리를 증명할 수 없다는 것이었다. 그런 입장을 기고나 편지를 통해 밝히기도 했다.

평행선 공리의 부정은 어떻게 되는 걸까? 그는 이 문제에 대해서도 일찌 감치 생각해봤다. 십대 후반에 그는 평행선 공리가 부정되면서도, 논리적 으로 문제가 없는 기하학이 가능하리라는 것을 인정했다. 유클리드 기하학 이외의 다른 기하학이 가능하다는 뜻이었다. 이런 기하학을 비유클리드 기 하학이라 이름 붙인 이도 가우스였다.

가우스가 구체적으로 생각한 비유클리드 기하학은 사케리나 람베르트 가 예각의 전제라고 생각했던 경우였다. 그들 모두가 모순점을 찾지 못해 어려움을 겪었던 경우였다. 그는 이 경우에도 다른 기하학이 가능하다고 편지를 통해 밝혔다.

"세 내각의 합이 $180°$보다 작다고 가정하면, 우리의 기하학과 전혀 다른 특별한 기하학이 만들어진다. 그 기하학은 완벽하게 일관적이며, 나는 스 스로 만족스러울 만큼 그 기하학을 발전시켰다."[*]

그러나 가우스는 이런 사실을 발표하지 않았다. 다른 사람들에게 알리 지도 말라고 부탁했다. 불필요하고 소모적인 논쟁에 휘말리고 싶지 않아 서였다. 가우스가 발표하지 않고 있던 차에 헝가리 수학자 야노시 보여이 (1802~1860)와 러시아 수학자 니콜라이 로바쳅스키(1792~1856)가 가우스 와 동일한 기하학을 발표했다. 그들이 다룬 기하학은 모두 오늘날 쌍곡기

---

[*] 레오나르드 플로디노프, 『유클리드의 창: 기하학 이야기』, 전대호 옮김, 까치, 2002, 127쪽.

세상을 바꾼 위대한 오답

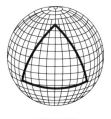
구면기하학

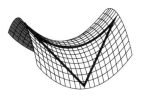
쌍곡기하학

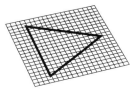
평면기하학

	구면기하학	쌍곡기하학	평면기하학
곡률(휘어진 정도)	곡률 > 0	곡률 < 0	곡률 = 0
평행선의 개수	없음	무수히 많다.	1개
삼각형 내각의 합	180° 보다 크다.	180° 보다 작다.	180°

하학으로 알려졌다. 평행선의 개수가 많으며 삼각형 내각의 합이 180° 보다 작은 기하학이다.

삼각형 내각의 합이 180° 보다 큰 경우는 어떻게 됐을까? 이 경우는 둔각의 전제로서 직선이 무한하지 않다며 배제됐었다. 그래서 가우스도 다루지 않았다. 이 경우의 기하학을 다룬 이는 리만(1826~1866)이었다. 그는 삼각형 내각의 합이 180° 보다 큰 경우도 기하학이 가능하다고 했다. 구면처럼 볼록한 곡면 위에서의 기하학으로 구면기하학이라 불린다. 이 기하학에서는 평행선의 개수가 존재하지 않는다. 지구 위에서 모든 경도선이 극점에서 만나는 이치와 같다.

비유클리드 기하학, 정당화되다!

평행선 공리는 증명 불가능한 공리였다. 이 공리의 부정 역시 마찬가지다. 평행선의 개수가 꼭 하나일 필요는 없다. 하나여도, 하나가 아니라고 해도 기하학은 가능하다. 각각 다른 형태의 기하학이 만들어진다. 평면이냐 곡면이냐에 따라, 어떤 곡면이냐에 따라 평행선의 개수는 달라진다. 그에 따라 기하학의 모습도 달라진다.

1868년 이탈리아 수학자인 에우제니오 벨트라미(1835~1900)는 평행선 공리에 대해 결론적인 증명을 제시했다. 그는 평행선 공리를 증명할 수 없다는 것을 증명했다. 가우스의 생각을 증명한 셈이다. 평행선 공리는 다른 공리를 통해서 유도될 수 없는 독립적인 공리였다. 그는 또한 유클리드 기하학에 모순이 없다면, 비유클리드 기하학에도 모순이 없다는 걸 증명함으로써 비유클리드 기하학을 정당화했다. 비유클리드 기하학이 기이한 기하학이 아니라 유클리드 기하학만큼이나 정당한 기하학이 되었다.

평행선 공리를 증명하려던 시도는 모두 오류였다. 증명 불가능한 문제였으니 오류일 수밖에 없었다. 그러나 그 오류로 인해 평행선 공리가 증명 불가능하다는 것이 결국 밝혀졌다. 오답을 지적하면서 다른 방법들이 출현했고, 전혀 다른 관점의 시도를 하게 됐다. 그런 오답들이 있어 수학은 전복되며 확장됐다. 오답이 있었기에 가능한 이야기였다.

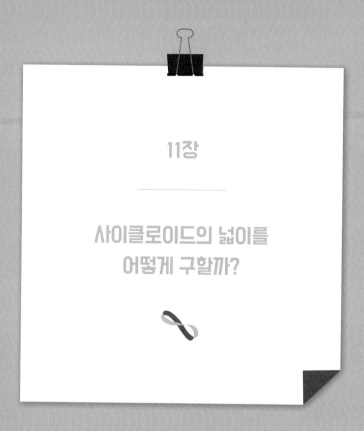

11장

사이클로이드의 넓이를
어떻게 구할까?

사이클로이드는 미끄러지지 않고 굴러가는 원 위의 한 점이 그리는 자취다. 바퀴의 한 점이 이동하면서 그리는 곡선이다. 이 곡선은 기하학의 헬렌이라 불리기도 한다. 트로이의 전쟁을 일으킨 헬렌만큼 아름답고 많은 갈등을 불러 일으켰기 때문이다. 일정한 규칙이 있는 곡선이지만, 원이 아닌 곡선이어서 고대 그리스 기하학으로 다루기 어려웠다. 새로운 접근법이 나오기 전까지 잡히지 않은 채 굴러다녀야만 했다.

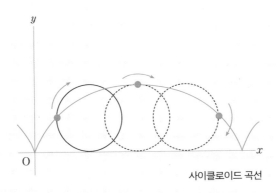

사이클로이드 곡선

1 기원전 4세기, 아리스토텔레스, 『역학』

중심이 같고 반지름이 다른 두 원을 겹쳐
A에서 B까지 한 바퀴 굴린다. 이 거리는
큰 원의 둘레와 같다. 그때 작은 원도 한
바퀴 굴러서 C에서 D까지 이동했다. CD

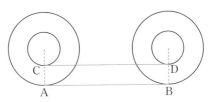

는 작은 원의 둘레와 같다. 그런데 AB의 거리와 CD의 거리는 같다. 작은 원도 큰 원도 한

바퀴 굴러 같은 거리만큼 이동했다. 고로 큰 원과 작은 원의 둘레는 같다. 이런 식으로 '모든

원의 둘레는 같다'는 아리스토텔레스의 역설이 나왔다.

2 15세기, 쿠사의 니콜라스

고대 이래 처음으로 이 곡선에 대해서 연구했다. 원의 넓이를 구하려는 시도를 하다가 이 곡

선을 연구했으나 실패했다.

사이클로이드를 이용해 원적 문제를 해결했다. 그 과정 중에 하이포트로코이드(hypotro-choid)라는 다른 곡선을 소개했다. 이 곡선은 큰 원 안의 작은 원이 큰 원을 따라 돌 때 작은 원 위의 한 점이 그리는 곡선이다. 큰 원의 반지름이 작은 원에 비해 120% 정도 큰 곡선을 이용해 그리려다가 실패했다.

이탈리아의 천문학자 · 물리학자 · 수학자인 갈릴레이는 1599년에 이 곡선을 처음으로 사이클로이드(cycloid)라고 불렀다. 이 곡선을 수십 년간 연구했으며, 아리스토텔레스 역설의 문제점을 정확히 지적했다. 사이클로이드 곡선의 넓이를 이론적으로 계산하려 했으나 실패했다. 결국 그는 곡선을 그린 후 잘라서 무게를 측정해 원 넓이의 몇 배가 되는지 따져봤다. 3배가 조금 안 된다고 했다. 이 곡선이 답인 문제, 즉 위치가 다른 두 점 사이를 이동할 때 가장 빨리 내려오는 경로문제에 틀린 답을 제시했다. 처음에는 두 점을 잇는 직선, 다음에는 두 점을 잇는 원호라고 했으나 둘 다 틀렸다.

프랑스 수학자 메르센은 이 곡선이 타원의 절반일 수도 있다고 추측했다. 처음으로 이 곡선을 적절하게 정의한 그는 이동한 거리가 원의 둘레와 같다는 성질을 밝히기도 했다. 이 곡선의 아랫부분 넓이를 구하려다가 실패했으나 다른 수학자들에게 이 곡선에 관한 문제를 알려주고 연구하도록 자극했다.

수학자들의 관심 밖에 있었던 사이클로이드

먼저 ❶의 내용을 보자. 모든 원의 둘레가 같다는 주장은 터무니없다. 그럴 리 없다. 지구의 둘레와 손 안에 쥐어 있는 동전의 둘레가 어찌 같을 수 있겠는가! 그러나 이런 주장을 하기까지 나름의 일리는 있다. 이렇게 참이라고도 거짓이라고도 할 수 없는 주장을 일컬어 역설이라 한다. 아리스토텔레스의 역설을 두고 당대 사람들은 어디에 모순이 있는가를 지적하지 못했다. '작은 원도, 큰 원도 한 바퀴 굴러서 같은 거리를 이동했으니 그 둘레는 같다.' 이 말의 어딘가에서 이상한 결론이 유도됐다.

이 역설은 사이클로이드를 직접 언급하지 않았다. 하지만 알고 보면 사이클로이드와 관련되어 있다. 원이 굴러가는 현상을 다루는 것이기에 관련성은 충분하다. 실은 이 역설의 문제점을 밝히는 것에도 관여되어 있다. 훗날 이 사실을 밝힌 이가 갈릴레오 갈릴레이다. 고대 그리스인들은 이 곡선의 존재조차도 명확하게 드러내지 못한 상태였다. 이 역설의 오류를 지적하지 못한 채 역설로 남겨둬야 했다.

그리스 이후 이 곡선에 대한 연구는 이뤄지지 않았다. 이 곡선을 다룬 이가 있다고 주장하는 기록도 있으나 그 근거는 없다.

15세기에 들어서서 쿠사의 니콜라스는 이 곡선을 다시 다뤘다. 원적 문제를 해결하려는 과정에서 이 곡선을 주목했다. 히피아스의 쿼드라트릭스나 아르키메데스의 나선처럼 다른 곡선을 활용한 접근법이었다. 그러나 그가 어떻게 하려 했는지 그 상세한 과정과 성과는 남아 있지 않다. 진짜 그런 시도를 했는지의 여부도 확실하지 않다. 레오나르도 다빈치 역시 원적 문제를 사이클로이드와 연결시켰다고 한다.

사이클로이드를 이용하여 원적 문제를 제대로 해결한 사람은 프랑스의 찰스 보벨리(Charles de Bouvelles)였다. 1503년에 발간된 그의 책에는 사

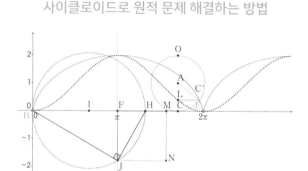

사이클로이드로 원적 문제 해결하는 방법

- 원을 점 B에서 점 E까지 한 바퀴 굴린다. (이때 사이클로이드도 만들어진다.)
- $\overline{BE}$의 길이는 원의 둘레인 $2\pi r$이다.
- 수직이등분선 작도를 통해 $\overline{BE}$의 중점 F를 찾는다.
- 점 F로부터 처음 원의 반지름과 같은 거리만큼 떨어진 점 H를 찾는다.
- 수직이등분 작도를 통해 $\overline{BH}$의 중점 I를 찾는다.
- 점 I를 중심으로 하여 $\overline{IH}$를 반지름으로 하는 원을 작도한다.
- 이 원과 $\overline{FJ}$의 교점 J를 찾는다.
- $\overline{FJ}$가 처음 굴렸던 원과 넓이가 같은 정사각형의 한 변이다.

증명) 원의 성질에 의해 $(\overline{FJ})^2 = \overline{BF} \times \overline{IH}$

$\qquad\qquad\qquad = 원둘레의 절반 \times 원의 반지름$

$\qquad\qquad\qquad = \pi r \times r$

$\qquad\qquad\qquad = \pi r^2$

$\qquad\qquad\qquad = 원의 넓이$

이클로이드가 묘사되어 있다. 그보다 몇 해 전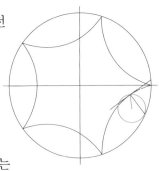
인 1501년에는 원적 문제를 다루려다가 사
이클로이드와 비슷한 하이포트로코이드
(hypotrochoid)를 발견했다. 이 곡선은 원 안
에서 굴러가는 원 위의 점이 그리는 곡선이
다. 이 곡선은 두 원의 반지름의 관계, 회전하는
원의 어느 점이냐에 따라서 다양한 모양이 만들어진다. 보벨리는 바깥 원
의 반지름이 안쪽 원의 반지름보다 120% 정도 큰 원에 의해서 만들어지는
하이포트로코이드를 그리려다가 실수를 범했다.

오답 속 아이디어

보조적 수단에 불과한 곡선이다

16세기 보벨리의 연구에 이르기까지 사이클로이드 곡선은 독립적인 관
심을 받지 못했다. 이 곡선은 분명 규칙이 있는 도형이었다. 언제 어느 때
그리더라도 크기만 다를 뿐 동일한 모양을 유지한다. 그런데 16세기까지
서양은 기하학 중심이었다. 자와 컴퍼스를 기반으로 한 유클리드 기하학이
기하학의 전부였다. 자와 컴퍼스로 그릴 수 없는 사이클로이드가 자리잡을
공간은 없었다. 아리스토텔레스의 역설처럼 관련 있는 지점이 있었지만 자
와 컴퍼스를 벗어나 있다는 이유로 전혀 다뤄지지 않았다. 다행히 원적 문
제와 관련되어 있어서 몇 사람의 눈에 띄었을 뿐이다.

사이클로이드는 보조적인 수단으로 연구되기 시작했다. 15, 16세기에

세상을 바꾼 위대한 오답

원적 문제를 풀기 위한 수단의 하나로 주목을 받았다. 곡선 자체로 인정받고 그 성질이 탐구되지는 않았다. 무언가를 위한 보조에 불과했다. 제대로 연구될 리가 없었다. 원적 문제를 해결하는 데 도움이 될 수 있다는 점, 일정한 규칙이 있다는 점이 사이클로이드의 생명을 유지시켜줬다.

갈릴레이, 사이클로이드에 관심을 촉발하다

갈릴레이는 1599년에 사이클로이드(cycloid)라는 이름을 붙여주며 이 곡선에 대한 관심을 불러일으켰다. 그는 사이클로이드를 거의 40년 동안 연구하면서 몇 가지 중요한 사항을 언급했다. 사이클로이드와 간접적으로 관련되어 있던 아리스토텔레스의 역설에 문제점이 어디 있는가를 밝힌 것도 갈릴레이였다. 그는 원이 아닌 정육각형 두 개를 굴리는 것으로 실험을 대체했다. 역설을 그대로 따르자면 두 정육각형 역시 한 바퀴씩 굴러 같은 거

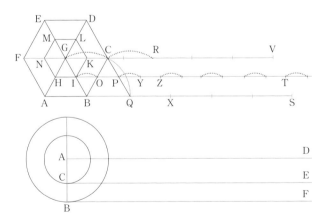

리만큼 이동하므로 두 도형의 둘레는 같다.

하지만 실상은 그렇지 않다. 큰 정육각형은 여섯 변의 길이만큼 이동했지만 작은 정육각형의 경우에는 중간에 간격을 띄워서 이동한다. HI 다음의 IK는 IO만큼을 건너 뛰어 OP에 대응해 이동한다. 작은 정육각형에서 이런 건너뜀은 여섯 번이나 반복된다. 그랬기에 작은 정육각형은 큰 정육각형과 같은 거리를 이동할 수 있었다. 실제 둘레보다 더 많은 거리를 이동했다. 원에서 이런 문제점을 발견하지 못한 건 원이 둥글어서 그런 차이를 발견할 수 없어서였다.

아리스토텔레스 역설의 문제점은 사이클로이드 곡선을 이용해서도 밝힐 수 있다. 두 원이 모두 제대로 굴러갔다면 두 원 위의 점은 모두 사이클로이드 모양으로 움직여야 한다. 그러나 실제 움직임을 그려보면 작은 원위의 점이 그리는 궤적은 사이클로이드 모양이 아니다. 밀린 사이클로이드 또는 옆으로 늘어난 사이클로이드 모양새다. 작은 원은 밀리면서 이동했던 것이다.

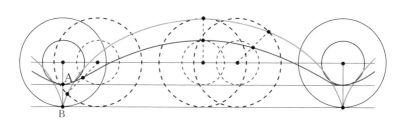

이름을 붙여주고 연구를 하기는 했지만 갈릴레이는 사이클로이드의 성질을 제대로 간파하지 못했다. 그는 사이클로이드로 둘러싸인 부분의 넓이가 어느 정도인가를 계산하려 했다. 하지만 그때의 수학 수준으로 이 문제를 풀어내기에는 역부족이었다. 그래도 갈릴레이는 가능한 방법을 동원해

세상을 바꾼 위대한 오답

서 사이클로이드의 넓이가 구르던 원 넓이의 세 배가 조금 안 된다고 밝혔다. 그가 사용한 방법은 다소 원시적이었다. 원과 사이클로이드를 종이 위에 그려서 오려낸 다음에 각 부분의 무게를 측정해 비교했다. 얼마나 정밀한 측정을 했던지 그 비가 무리수가 될 것이라고 전했다는, 믿기지 않는 이야기도 있다. 나중에 밝혀지지만 이 결론은 틀렸다. 사이클로이드의 넓이는 원 넓이의 딱 세 배였다.

갈릴레이가 또 틀리게 이야기한 게 있다. 어려운 말로 하면 최단강하 경로 문제다. 높이가 다르게 서로 떨어져 있는 두 점을 가장 빠르게 이동할 수 있는 경로를 찾는 문제다. 갈릴레이는 처음에 이 경로가 두 점을 잇는 직선이라고 했다. 그러다가 뭔가 찜찜했던지 두 점을 지나는 원호라고 원래의 주장을 바로잡았다. 안타깝지만 두 답변 모두 틀렸다. 직선이 비록 거리는 제일 짧지만, 내려오는 시간이 가장 짧지는 않았다. 뒤집힌 사이클로이를 따라 내려올 때 가장 짧은 시간이 걸린다.

직선

사이클로이드   원

미적분, 사이클로이드를 주목하다

갈릴레이는 사이클로이드에 관한 성질을 올바르게 밝히지 못했다. 그러나 사람들로 하여금 사이클로이드에 관심을 두고 연구하도록 독려했다. 시대적인 분위기도 사이클로이드에 아주 우호적이었다. 17세기에는 미적분이 등장하면서 여러 모양의 곡선과 곡선의 접선, 곡선의 넓이 등에 관심이 깊어졌다. 다양한 곡선의 접선이나 넓이를 미적분을 이용해 풀어보려 했다. 이때 사이클로이드가 주목받았다. 원이 아닌 곡선이어서 고대 그리스 기하학으로는 접근할 수 없고, 오직 미적분을 활용해야 했기 때문이다.

메르센은 사이클로이드가 17세기 수학자들의 중요한 주제가 될 수 있도록 결정적인 역할을 했다. 그는 철학이나 과학에 관심이 많았던 신부였다. 갈릴레이, 페르마, 데카르트, 파스칼과 같은 당대 최고의 학자들과 긴밀하게 연결되어 있었다. 그는 이 네트워크의 연결망 역할을 톡톡히 했다. 각 학자의 연구주제나 성과를 다른 학자들에게 전파하고, 연구주제를 권하기도 하면서 학문의 발전에 기여했다.

메르센은 갈릴레이를 통해 사이클로이드를 알게 된 것으로 보인다. 그는 사이클로이드를 정확히 정의했다. 직선을 따라 굴러가는 반지름의 길이가 a인 원의 중심으로부터 h만큼 떨어진 점의 궤적이라고 정의했다. 다만 사이클로이드라는 말 대신 룰렛이라고 불렀다. 사이클로이드 한 구간의 거리가 원의 둘레와 같다는 것도 명확히 했다. 그도 사이클로이드로 둘러싸인 부분의 넓이를 구하려고 시도했으나 성공하지 못했다. 또한 그는 사이클로이드가 타원의 절반 모양일지도 모른다고 추측했다. 실제로 사이클로이드는 타원의 절반과 약간 다를 뿐 아주 유사하다.

사이클로이드와 타원의 절반 비교

사이클로이드의 성질을 제대로 밝혀내는 것은 메르센의 몫이 아니었다. 그는 다른 수학자들에게 사이클로이드에 관한 문제를 풀어보도록 권했다. 1628년 메르센에게 사이클로이드의 넓이를 구해보라고 제안받은 사람은 로베르발이었다. 로베르발은 메르센의 기대에 보답했다.

사이클로이드의 정체를 밝혀내다

로베르발은 메르센으로부터 사이클로이드에 대해 소개받은 후 넓이를 구해보려고 했다. 처음에는 그도 실패하다가 나중에 성공한다. 1634년의 일이다. 메르센은 이 사실을 1638년에 공표했다. 사이클로이드의 넓이는 길릴레이의 제자였던 토리첼리도 독자적으로 알아냈다. 로베르발은 자신의 발견을 발표하지 않았는데, 그로 인해 누가 먼저 발견했는가를 두고 논쟁이 일어났다.

사이클로이드 밑부분의 넓이는 정확하게 원 넓이의 세 배가 된다! 로베르발은 이 사실을 증명했다. 그는 이 문제 말고도 사이클로이드의 접선문제까지도 해결했다.

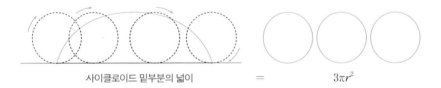

사이클로이드 밑부분의 넓이 $=$ $3\pi r^2$

로베르발의 사이클로이드 밑부분 넓이 구하는 방법

로베르발은 이 넓이를 구하기 위해서 카발리에리의 원리를 활용한다. 이 원리는 대응하는 두 변의 길이의 비가 항상 $m:n$이면 두 도형의 넓이의 비도 $m:n$이라는 것이다. 같은 원리로, 대응하는 두 면의 넓이의 비가 $m:n$으로 일정하면 두 입체도형의 부피의 비도 $m:n$

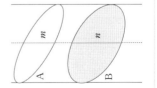

이 된다.

그는 사이클로이드의 절반만을 먼저 생각했다. 그런 다음 사이클로이드 안에 다른 보조곡선 하나를 그렸다. 이 곡선은 원의 절단 선분 $\overline{EF}$와 길이가 같도록 $\overline{E'F'}$를 설정한 후 F'를 연결하였다. 그러면 사이클로이드는 회색(II)과 초록색(I) 두 부분으로 나뉜다. 그는 각 부분의 넓이를 따로 구한 후 합하여 전체 넓이를 구했다.

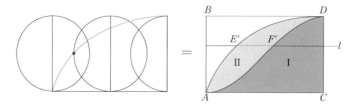

먼저 회색 부분의 넓이를 구해보자. 이 부분의 모든 절단선 $\overline{E'F'}$는 $\overline{EF}$와 길이가 같다. 애당초 두 길이가 같도록 보조곡선을 그었다. 고로 이 부분은 원의 절반과 넓이가 같다.

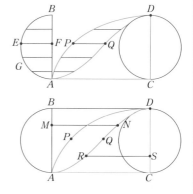

$$\text{회색 부분의 넓이} = \text{원 넓이} \div 2$$

$$= \frac{\pi r^2}{2}$$

초록색 부분의 넓이를 구해보자. 이 부분의 넓이를 구하기 위해서 초록색 부분과 나머지 부분을 거꾸로 비교해봐야 한다. 이 그림에서 $\overline{BM} = \overline{CS}$, $\overline{MN} = \overline{RS}$이다. 초록색 부분과 나머지 부분은 모양과 크기가 같은 도형이 뒤집혀 있는 상태이기 때문이다. 고로 두 부분의 넓이는 같다. 그런데 이 두 부분의 합은 직사각형 ABDC와 같다.

$$\text{직사각형 ABDC의 넓이} = \text{초록색 부분의 넓이} + \text{나머지 부분의 넓이}$$
$$= \text{초록색 부분의 넓이} + \text{초록색 부분의 넓이}$$
$$\text{가로의 길이} \times \text{세로의 길이} = \text{초록색 부분의 넓이} \times 2$$
$$\pi r \times 2r = \text{초록색 부분의 넓이} \times 2$$
$$\therefore \text{초록색 부분의 넓이} = \pi r^2$$

세상을 바꾼 위대한 오답

회색과 초록색 부분의 합은 사이클로이드 절반의 넓이와 같다. 즉,

회색 부분의 넓이＋초록색 부분의 넓이＝사이클로이드의 넓이÷2

$$\frac{\pi r^2}{2} + \pi r^2 = \text{사이클로이드의 넓이} \div 2$$

$$\frac{3\pi r^2}{2} = \text{사이클로이드의 넓이} \div 2$$

∴ 사이클로이드의 넓이＝$3\pi r^2$

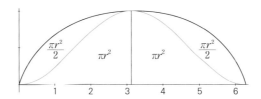

로베르발은 카발리에리의 원리를 바탕으로 해서 사이클로이드의 넓이를 구했다. 사이클로이드의 넓이는 굴린 원 세 개를 합한 것과 정확히 같았다. 갈릴레이가 그렇게 알고 싶어했던 사이클로이드의 비밀이 밝혀졌다. 공식적으로 다뤄지기 시작한 지 얼마 되지 않아서였다. 미적분과 관련된 근대적 기법의 발전과 응용 덕택이었다.

다른 방법

보조선을 조금 달리 그려 더 쉽게 구하는 방법도 있다. 여기에서도 사이클로이드의 절반을 다음과 같이 분할하여 각각의 넓이를 먼저 구한다.

Z는 직각삼각형이므로 그 넓이를 쉽게 구할 수 있다. 문제는 Y의 넓이다. Y의 넓이를 구하기 위해 다음 그림과 같이 보조곡선을 그린다. 이 보조곡선은 직각삼각형의 빗변을 대칭축으로 하여 사이클로이드를 뒤집은 것으로 Y와 모양과 크기가 같다. 따라서 사이클로이드와 보조곡선에 의해 둘러싸인 부분 U의 넓이는 2Y이다.

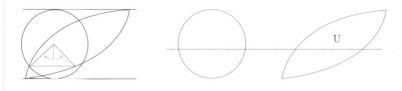

여기서 평행선을 그어 평행선에 의해 절단된 선분의 길이를 비교해보자. 어디에서 평행선을 긋더라도 절단된 선분의 길이는 같다. 즉, U와 원의 넓이는 같다. 그런데 U의 넓이는 Y의 두 배이다. 이로부터 Y의 넓이가 계산된다.

$$U = 2Y = 원의 넓이 = \pi r^2$$
$$\therefore Y = \frac{\pi r^2}{2}$$

Y의 넓이를 알았으니 사이클로이드의 넓이를 구할 수 있다.

$$
\begin{aligned}
사이클로이드의 넓이 &= 2X \,(X는 절반의 넓이)\\
&= 2(Y+Z)\\
&= 2(\frac{\pi r^2}{2} + \pi r \times 2r \div 2)\\
&= 3\pi r^2
\end{aligned}
$$

마미콘의 정리를 이용해서

카발리에리의 원리와 비슷한 현대적인 방법도 있다. 1959년 캘리포니아 공과대학 학생이었던 마미콘(Mamikon Mnatsakanian)은 이 원리를 다른 방식으로 활용하여 넓이를 구하는 방법을 생각해냈다. 마미콘 정리로 알려진 이 정리는, '접선이 쓸고 가는 영역의 넓이는 접선들을 한 점에 모은 영역의 넓이와 같다'고 요약된다. 도형의 각 점에서 접선을 그은 후 그 접선들을 따로 모아 넓이를 구하기 쉬운 도형을 만든다는 아이디어다. 넓이를 길이의 합으로 구한다는 점에서는 카발리에리의 원리와 같지만 그 방식이 다르다. 이 정리로 사이클로이드의 넓이를 구해보자.

세상을 바꾼 위대한 오답

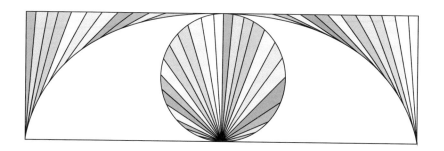

마미콘의 정리를 이용하여 사이클로이드의 넓이 구하기

사이클로이드와 사이클로이드를 둘러싼 직사각형이 있다. 사이클로이드의 각 점에서 접선을 그어 각 부분을 다른 색으로 표시했다. 이 부분들을 한 점을 중심으로 하여 모아놓은 게 사이클로이드 안에 그려진 원이다. 사이클로이드 바깥 부분의 넓이가 원과 같다는 뜻이다. 그림에서 넓이 관계를 정리하면,

$$사이클로이드의\ 넓이 = 직사각형의\ 넓이 - 사이클로이드\ 바깥부분의\ 넓이$$
$$= 직사각형의\ 넓이 - 원의\ 넓이$$
$$= 2\pi r \times 2r - \pi r^2$$
$$= 4\pi r^2 - \pi r^2$$
$$\therefore 사이클로이드의\ 넓이 = 3\pi r^2$$

시대의 기운을 받아 순식간에

로베르발로부터 시작해서 사이클로이드의 많은 성질들이 17세기에 밝혀졌다. 파스칼, 페르마, 데카르트, 베르누이, 호이겐스, 뉴턴, 라이프니츠 등 당대 대표적인 수학자들이 이 작업에 참여했다. 미분과 적분이 등장하면서 사이클로이드는 이 기법을 적용해보기 좋은 대상으로 지목되었다. 전혀 주목받지 못하던 17세기 이전과는 딴판이었다. 곡선의 모양이 독특해

일반적인 기법으로는 해결하기 어려웠으나 미적분을 통해 넓이, 접선, 부피, 길이에 관한 성질들이 낱낱이 밝혀졌다.

사이클로이드의 길이는 원 반지름의 8배이고, 넓이는 원 넓이의 3배였다. 높이와 위치가 다른 두 점에서 가장 빨리 떨어지는 경로는 직선도, 원호도 아닌 사이클로이드였다. 신기한 성질은 또 있다. 사이클로이드의 어느 위치에서 떨어지더라도 도착하는 데까지 걸리는 시간은 동일하다. 중간에서 떨어지나, 맨 위에서 떨어지나 같이 도착한다.

사이클로이드에 관한 문제는 순식간에 세기의 스포트라이트를 받으며 풀렸다. 기다림이 길었던 만큼 영광은 밀물처럼 순식간에 몰려왔다. 문제를 해결할 수 있는 기법이 탄생해가던 시대의 기운을 받아 오답 또한 순식간에 수정되었다.

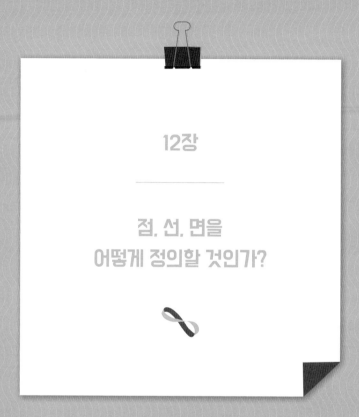

12장

점, 선, 면을
어떻게 정의할 것인가?

점, 선, 면은 수학이 탐구하는 기본적인 대상이다. 기하학이 발달하면서 점, 선, 면에 관한 정리와 증명이 넘쳐났다. 기하학을 체계적으로 정리하는 작업이 이어졌고 그러다 점, 선, 면이 뭔지 묻기 시작했다. 무턱 대고 살아가다 '내가 누구지?'라고 물은 격이었다. 이런 질문은 참 어렵다. 점, 선, 면의 정의 또한 만만치 않았다. 단순하고 당연한 대상을 뭐라고 말하기가 난감하다. 더구나 정의에 따라 기하학의 모습마저 달라진다. 모순 없고 완전한 정의가 필요했다. 점, 넌 뭐니?

1 기원전 6세기, 피타고라스 학파

- 점은 위치가 있는 단자(monad)이다. 단자에다 위치를 더한 것이다. – 프로클루스(5세기)

- 직선과 곡선을 구별했다. – 아리스토텔레스

- 면을 일컬을 때 껍질 또는 겉모양을 뜻하는 낱말을 사용했다. – 아리스토텔레스

2 기원전 4~5세기, 플라톤

- '점이 기하학적 허구'에 불과하다는 반박을 불러일으킨 피타고라스학파의 정의를 비판했다.

- 점을 선의 시작이라고 했다. 점은 쪼갤 수 없는 선이다.

- 선의 가장자리를 점, 면의 가장자리를 선, 입체의 가장자리를 면이라고 불렀다.

- 선에는 세 종류가 있다. 직선과 원둘레 곡선 그리고 이 둘을 결합한 선이다. 직선과 원둘레 곡선이 결합된 선에는 나선, 평면곡선, 입체에서 나오는 곡선들, 입체의 단면에서 나오는 곡선들이 있다.

- 직선이란 가운데 부분이 양 끝의 앞에 놓여 (양 끝이 보이지 않도록 한다) 있는 것이다.

3 기원전 4세기, 아리스토텔레스

- 점을 선의 끝이라고 정의한 플라톤을 비판하면서 선이 존재하듯 점 또한 존재함을 보일 수 있어야 한다고 했다.

- 점이란 쪼갤 수 없으며 어떤 위치가 있는 것이다. 물체가 아니며 무게가 없다. 아무런 양도 갖지 않는다.

- 점을 아무리 많이 모으더라도 쪼갤 수 있는 어떤 양이 될 수 없다. 선은 점들을 가지고 만든 것이 아니다. 점은 선의 일부가 아니다.

- 선은 한 방향으로, 면은 두 방향으로, 입체는 세 방향으로 쪼갤 수 있는 양이다.
- 대부분의 사람들이 점이란 선의 맨 끝, 선은 면의 끝, 면은 입체의 끝이라고 생각한다. 후 자들을 써서 전자를 정의했다. 선이 움직이면 면이, 점이 움직이면 선이 생긴다고 말한다. 점은 양의 기원이다.

❹ 기원전 3세기 전후, 유클리드

- 점은 부분이 없는 것이다. A point is that which has no part.
- 선은 폭이 없는 길이이다. A line is breadthless length.
- 선의 양 끝은 점들이다. The ends of a line are points.
- 직선은 점들이 쭉 곧게 있는 것이다. A straight line is a line which lies evenly with the points on itself.
- 면은 길이와 폭만을 갖는 것이다. A surface is that which has length and breadth only.
- 면의 가장자리는 선들이다. The edges of a surface are lines.

❺ 5세기, 프로클로스

- 기하학의 대상 중에서 쪼갤 수 없는 것은 점뿐이다.
- 선은 점의 흐름으로서, 차원이 하나인 양이다.
- 직선은 그 점들 사이의 거리와 같도록 뻗어 놓은 것이다.
- 직선이란 극도로 잡아당긴 선이다.
- 직선이란 모든 부분이 다른 모든 부분과 똑같이 들어맞는 것이다.

- 직선이란 그와 같은 종류 두 개를 가지고 도형을 만들 수 없는 것이다.

⑥ 16세기 전후, 레오나르도 다빈치

- 점에는 중심이 없다. 점에는 넓이, 길이 그리고 깊이도 없다.
- 선은 점의 움직임에 의해 생성되는 길이이며, 선의 양 끝은 점이다. 선에는 넓이와 깊이가 없다.
- 면은 선의 평행이동에 의해 생성되며, 면의 양 끝은 선이다. (면에는 깊이가 없다.)
- 입체는 면의 측면 이동에 의해 생성되며 입체의 경계는 면이다. 그 입체의 면이 평행이동 함으로써 생성되는 깊이와 넓이를 가지고 있다.

⑦ 1635년, 카발리에리의 원리

'높이가 같은 두 입체를 밑면에 평행하고 밑면에서 같은 거리에 있는 평면으로 자른 이웃한 두 단면의 넓이 사이에 언제나 어떤 일정한 비가 성립하면 두 입체의 부피에도 똑같은 비가 성립한다.'*

이 원리는, 입체의 부피를 단면의 넓이를 이용해서 구한다. 평면도형에도 적용해 넓이를 구할 수 있다. 잘린 선의 길이의 비가 일정하면 넓이의 비도 일정하다. 평면도형의 넓이를 선분의 합으로, 입체도형의 부피를 면의 합으로 보는 것과 같다. 점과 선, 선과 면, 면과 입체의 경계가 모호해졌다.

---

* 칼 B. 보이어 · 유타 C. 메르츠바흐, 『수학의 역사 · 상』, 양영오 옮김, 경문사, 2000, 536쪽.

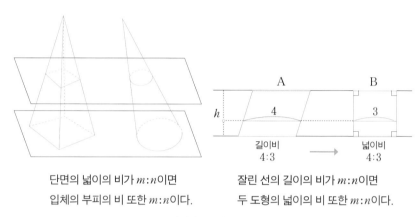

단면의 넓이의 비가 $m:n$이면
입체의 부피의 비 또한 $m:n$이다.

잘린 선의 길이의 비가 $m:n$이면
두 도형의 넓이의 비 또한 $m:n$이다.

카발리에리의 원리

⑧ 1655년, 토머스 홉스

크기를 갖고 있기는 하지만, 그 크기를 없는 것으로 간주할 수 있는 물체가 있다. 그 물체가 이동한 경로가 선이다. 그 물체가 이동한 공간이 길이다. 이때 그 물체 자체를 점이라고 한다. 이 같은 이치로 지구를 점이라고 하고, 지구의 공전을 황도선이라고 한다. 선은 움직이는 점의 경로이고, 면은 움직이는 선의 경로이고, 체적은 움직이는 면의 결과이다.

⑨ 1) 19세기 전후, 플라이더러(Pfleiderer)

"직선이라는 개념은 너무 단순하기 때문에 그 개념을 정의하려고 하면 묵시적으로 포함된 낱말들(예를 들어 방향, 같음, 고름, 위치가 균등함, 굽지 않음)을 쓰지 않을 수 없다. 만약 어떤 사람이 여기에 나오는 직선이라는 게 무슨 뜻인지 모를 때, 그에게 직선을 가르치려면 직선의 그림을 그의 면전에 제시하는 수밖에 없다."

2) 1883년, 웅거(Unger)

"직선이란 아주 단순한 개념이며, 따라서 직선에 대한 모든 정의는 실패하게 되어 있다. 모든 정의는 설명이라고 여겨야 한다."

⑩ 1890년, 페아노

1890년 페아노는 평면의 모든 점을 지나면서 평면을 채워가는 곡선(space-filling curve)을 생각했다. 그는 다음 그림처럼 정사각형을 분할하며 곡선을 긋는 방법을 반복했다. 무한히 반복할수록 이 곡선은 모든 점을 지나며 평면을 채우게 된다. 그는 평면을 곡선으로 채울 수 있다는 것을 증명했다. 선과 면, 1차원과 2차원의 구분과 경계가 흐릿해졌다.

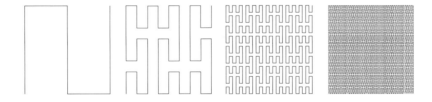

점은 시작이자 모든 것이다?

기하학은 땅의 측량으로부터 시작되었다고 한다. 두 지점 사이의 거리를 재고, 땅의 넓이를 파악하고, 물체의 부피를 계산하면서 탄생했다. 처음에는 학문이라기보다는 기술에 가까웠다. 엄밀하거나 체계적일 필요는 없었다. 필요한 만큼의 수준으로, 필요한 만큼의 정확도와 방법이면 족했다. 고대 문명은 각 문명에 어울리는 색깔로 기하학을 발전시켜갔다. 이때 점, 선, 면은 으레 존재하는 것이었다. 덧붙일 말이 없었다. 점은 점이요, 선은 선이었다.

고대 그리스인들은 기하학을 학문으로, 철학으로 발전시켰다. 기하학을 통해 땅의 문제만 해결해가지 않았다. 세상 만물과 하늘의 이치를 설명하고 규명해나갔다. 점은 점만이 아니라 경우에 따라서 인간으로도, 만물로도, 신으로도 해석되었다. 피타고라스학파 이후 기하학은 그리스 전역으로 퍼져가면서 발전했다. 비 온 뒤 죽순이 쑥쑥 크는 것처럼.

정리가 필요했다. 기하학은 엄밀해야 했고, 부분과 전체를 아우르는 체계로서 정립되어야 했다. 이 역할을 훌륭하게 수행한 대표적 인물이 유클리드다. 기하학이라는 건물을 주춧돌로부터 시작해 차곡차곡 쌓아 올렸다. 그 과정에서 기하학의 대상을 엄밀하게 정의해야 할 필요성을 느꼈다. 용어부터 정리하고, 각 용어의 뜻을 명확하게 밝혀줘야 했다. 군더더기 없이 간단명료하되, 기하학의 풍성한 이론을 산출해낼 수 있는 정의가 필요했다. 그 시작은 점, 선, 면이었다. 점, 선, 면을 어떻게 정의할 것인지가 문제였다. (이하 언급된 정의들의 상당부분은 토마스 히드가 쓰고, 이무현이 우리말로 옮긴 『기하학원론 해설서』를 참고했다.)

점을 처음으로 정의한 이는 기원전 6세기 피타고라스학파다. 그들은 점을, 위치가 있는 모나드(monad)라고 봤다. 모나드에 위치가 더해진 것이 점이다.

모나드란 1 또는 단위를 뜻하는 그리스어 'monas'에서 유래한 말이다. 물질의 기본입자인 원자와 비슷하지만 그 맥락과 의미는 사뭇 다르다. 모나드는 형이상학적인 개념으로 물질적인 것이 아니다. 온갖 수나 물체 등 모든 것의 진정한 시작으로서 더 이상 나눠지지 않는 것이다. 1이라는 수처럼 완전한 상태로 홀로 존재한다. 점마저도 모나드로부터 만들어진다. 모나드에 위치가 더해질 때 점이 되고, 그 점으로부터 선, 면, 입체 등이 탄생한다. 보일까 말까 하는 점에 이렇게 어마어마한 정의를 부여했다.

점에 대한 피타고라스학파의 정의는 그리스철학과 관련 지어 이해해야한다. 탈레스는 이 세상의 궁극적인 실체가 무엇인지를 물었다. 만물을 탄생시키는 근원, 아르케(arche)를 궁금해했다. 그가 제시한 답은 물이었다. 물이 변해 온갖 물질이 만들어진다고 했다. 피타고라스는 탈레스의 후대 사람이자 지역적으로도 가까이 살았다. 탈레스의 제자였다는 이야기도 있다. 피타고라스는 탈레스의 질문을 그대로 이어받되, 다른 답을 제시했다. 피타고라스가 내세운 아르케는 수(number)였다.

피타고라스는 아르케를 물질에서 찾지 않았다. 물질은 결과일 뿐 아르케가 아니었다. 물질은 물질이 아닌, 보이지 않는 것의 결과요 껍데기에 불과했다. 만물은 길이, 개수, 넓이 등 수로 표현 가능한 크기를 갖는다. 완전한 존재일수록 그 한계와 크기는 명확하다. 한계가 정해질 때, 즉 수가 결합될

세상을 바꾼 위대한 오답

때 비로소 존재가 된다. 그래서 수가 아르케이다.

피타고라스학파는 수를 점과 대응시키면서 자연수를 기하학적으로 시각화했다. 1은 모든 자연수를 만들어내는 기본단위다. 1은 모든 존재를 생성해내는 모나드에 해당한다. 1의 기하학적 표현은 뭐가 될까? 그건 점이다. 그런데 모나드가 곧바로 점이 될 수는 없다. 모나드는 물질의 기원이지만 물질은 아니다. 모나드 자체가 보이는 점이 될 수는 없다. 모나드에 뭔가가 더해져야 한다. 그들은 모나드가 위치를 점유할 때 점이 된다고 했다. 점은 보이는 것과 보이지 않는 것, 물질적인 것과 비물질적인 것 사이의 다리였다.

점은 수의 1에 해당한다. 그래서 점 하나를 모나드라고도 불렀다. 점을 통해 모든 기하학적인 대상들이 만들어진다. 두 개의 점이 모이면 선이, 셋이 모이면 삼각형이, 넷이 모이면 정사각형이 된다. 다른 맥락으로는 두 개의 점을 통해 선이, 세 개의 점을 통해 면이, 네 개의 점을 통해 입체가 만들어진다.

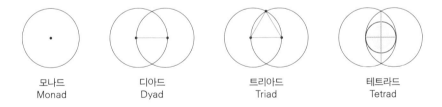

모나드
Monad

디아드
Dyad

트리아드
Triad

테트라드
Tetrad

기하학의 점은 우리 생활 속에서 접하는 점과 다르다. 우리가 현실에서 보는 점은 아무리 작더라도 크기가 있게 마련이다. 그러나 기하학에서의 점에는 오직 위치만 있지, 다른 크기는 전혀 없다. 크기가 없기에 보일 리 없다. 그러나 점은 모나드의 속성을 포함한다. 점으로부터 모든 것을 다 이끌어낼 수 있다. 아무것도 아닌 것 같지만, 모든 게 담겨 있다.

피타고라스학파는 점을 정의했다. 그것만으로도 획기적이었다. 다른 문명에서는 전례가 없는 시도였다. 그들에게는 다른 무엇보다 점의 정의가 중요했다. 시작이자 기원이기 때문이다. 다른 대상은 점으로부터 만들어진다. 과연 그들 생각대로 점을 통해서 모든 걸 설명할 수 있을까? 그러나 그들의 정의는 플라톤으로부터 비판받게 된다.

점은 선의 시작이다?

플라톤은 피타고라스학파가 내린 점의 정의를 꼬집었다. 이 비판은 피타고라스학파의 정의 때문에 빚어진 반박을 겨냥했다. 모나드에 위치가 더해진 게 점이라면 점은 그 어떤 크기도 갖지 않는다. 모나드라는 어마어마한 속성을 품고 있더라도 점에는 크기가 없다. 현실적인 존재가 아니다. 점은 기하학적인 허구에 불과하다. 이렇게 반박하던 사람들이 있었고, 플라톤은 이 반박을 수용했다. 피타고라스학파의 정의는 존재하는 점의 존재성을 보장하지 못한다. 이 점을 의식해서 플라톤은 점을 달리 정의했다.

점은 선의 시작이며, 쪼갤 수 없는 선이다. 플라톤의 정의였다. 플라톤은 점을 어떻게든 존재하는 대상으로 정의하고자 했다. 그는 존재하는 선을 통해서 점을 정의했다. 선의 시작 또는 선의 끝을 점으로 봤다. 점은 선의 일부이다. 하지만 무한히 줄여서 더 이상 쪼갤 수 없는 상태에 다다랐을 때의 선이 점이었다. 선의 도움을 받아 점은 선만큼이나 분명한 존재로 정의되었다.

그러나 문제는 다른 곳에서 터졌다. 점과 선의 관계가 모호해져버렸다.

쪼갤 수 없는 선이라…… 그게 선인가 점인가? 아주 짧을지언정 길이가 있다는 건가 없다는 건가? 쪼갤 수 없는 선이 선에 속한다면, 점은 선의 일부이다. 점과 선은 같다고 봐야 한다. 점은 길이가 짧은 선 정도가 된다. 그럴 수는 없다. 그렇다고 점은 선이 아니라고 말하는 것도 이상하다. 선의 일부인데 선이 아니라고? 플라톤은 구멍 하나를 막았지만, 다른 구멍 하나를 내버렸다.

점, 선, 면에 대한 플라톤의 정의는 현실의 존재들을 의식한 플라톤의 태도를 잘 보여준다. 입체의 가장자리를 면으로, 면의 가장자리를 선으로, 선의 가장자리를 점이라고 하지 않았는가! 현실적 존재들의 수학적 표현인 입체를 통해 점, 선, 면이 정의되었다. 그런 견지에서 점이 기하학적 허구가 되어서는 안 되었다. 직선에 대한 정의도 플라톤의 추상적인 철학에 빗대어 생각해보면 어울리지 않게 감각적이고 경험적이다. 선을 눈으로 쳐다봤을 때 가운데 부분이 끝부분을 가릴 정도로 곧은 선을 직선이라고 했다.

선의 종류를 구분한 데서도 플라톤의 연역적 태도를 읽을 수 있다. 사실상 그는 선을 크게 두 개로 나눴다. 직선과 원둘레 곡선. 원둘레 곡선이란 원을 말한다. 그럼 무수히 많은 나머지 곡선은? 직선과 원의 결합으로 설명했다. 현실적으로 다양한 선이 있는 듯해도 줄이고 보면 직선과 원 둘뿐이다. 플라톤의 정의나 종류 구분은 이처럼 그의 철학을 반영했다.

플라톤은 피타고라스학파의 영향을 많이 받았다. 그런데도 점을 정의하는 방식은 피타고라스학파와 상당히 달랐다. 여러 가지를 참고하여 굳이 그렇게 정의했다.

피타고라스학파는 점을 분명하게 정의했다. 이후 선이나 면, 기타 도형도 정의하려고 했을 것이다. 직선과 곡선을 나누고, 면을 겉모양을 뜻하는 낱말로 불렀다는 기록을 보면 선과 면에 대한 탐구도 있었다. 그런데 플라톤은 점을 독자적으로 정의하지 않았다. 선과의 관계를 통해서 정의했다. 피타고라스학파와는 방향이 반대다. 철학적으로 보면 플라톤도 점으로부터 여러 도형을 이끌어내는 게 더 어울릴 법한데도 말이다. 점으로부터의 유도 과정에 석연치 않은 점이 있어서가 아닐까?

모나드에 위치가 더해진 점은 크기가 없다. 피타고라스학파는 그 점으로부터 선, 면, 입체를 이끌어내야만 했다. 크기가 없는 점으로부터 크기가 있는 도형을 만들어내야 했다. 무에서 유를 창조해야 했다. 플라톤 본인부터 납득이 안 되었으리라. 크기가 있는 도형을 만들어내려면 그 시작인 점에도 크기가 있어야 했다. 점을 선의 시작으로 정의한다면 이 어려움은 해결된다.

플라톤은 피타고라스학파의 정의를 비판적으로 보완하여 점을 정의했다. 그러나 그 정의는 점, 선, 면의 관계에서 다른 문제점을 일으켰다. 이 문제점은 플라톤의 수제자로부터 곧바로 비판받게 된다.

점이 모여서 선이 될 수는 없다

아리스토텔레스는 플라톤을 바로 비판했다. 점과 선이 다르기에 선을 정의하듯이 점을 정의해야 한다고 했다. 점을 선의 일부로 정의할 경우 점과 선은 구분되지 않는다. 점도 선처럼 독자적으로 정의되어야 했다. 점, 선뿐만 아니라 면이나 입체도 달리 구분되어야 했다. ❸에서 보듯이 그는 쪼개는 방향을 통해서 각각을 구분했다. 선은 한 방향으로, 면은 두 방향으로, 입체는 세 방향으로 쪼갤 수 있다. 우리로 치면 차원의 개념에 해당한다.

선, 면, 입체를 차원이 다른 도형으로 봤다.

플라톤처럼 선의 가장자리를 점으로, 면의 가장자리를 선으로, 입체의 가장자리를 면으로 본다면 점, 선, 면은 명확하게 구분되지 않는다. 플라톤의 방식은 직관적으로 그럴 듯하지만 논리적으로 따져보면 모호하다. 하지만 당대의 일반적인 사람들이 따랐던 것은 플라톤의 방식이었다고 아리스토텔레스는 전한다. 사람들은 점이 움직여 선이 되고, 선이 움직여 면이 되며, 면이 움직여 입체가 된다고 했다. 이 방식에서 점은 양의 기원이 된다.

그러나 아리스토텔레스는 각 대상을 독립적으로 정의하려 했던 것 같다. 그는 특히 점을 독자적으로 정의했다.

'점이란 쪼갤 수 없으며 어떤 위치가 있는 것이다. 물체가 아니며 무게가 없다. 아무런 양도 갖지 않는다.' 아리스토텔레스는 점을 이렇게 정의했다. 점에는 어떤 크기도 없다는 것을 강조했다. 고로 점을 아무리 모아도 선을 만들어낼 수는 없다. 점은 결코 선의 일부가 아니다. 플라톤의 정의를 부정하고 있다. 플라톤에 의해 긴밀한 관계에 있던 점과 선은 아리스토텔레스에 의해 다시 분리되었다.

아리스토텔레스는 피타고라스학파의 정의에서 모나드를 떼어냈다. 대신 쪼갤 수 없다는 특징을 강조했다. 긍정이 아닌 부정을 통해서 점을 정의했다. 쪼갤 수 없다는 건 쪼갤 수 있다는 것의 부정이다. 점과 선은 분명 달리 정의되어야 했다. 그는 점을 다른 도형과 비교한 결과 쪼갤 수 없다는 것을 점의 정의로 채택했다. 선이나 면에 빗대어 부정적인 방식으로 정의했다. 사실상 자체적으로 정의하지 못했다.

점, 선, 면을 따로따로 정의한 이후의 과제

아리스토텔레스의 정의에는 별 문제가 없었을까? 피타고라스학파와 플라톤이 내린 점의 정의에서 문제점을 파악해 수정했으니 문제가 없어야겠지만 실상은 그렇지 않았다. 점, 선, 면의 관계가 문제였다. 점, 선, 면을 제대로 구분해 정의하려면 점, 선, 면의 관계에 대해서도 제대로 규명해야 했다. 그러나 그게 기대만큼 쉽지 않았다. 점만으로 선이 만들어지는지, 점 이외에 다른 요소가 들어가야 하는지를 규명하지 못했다.

점은 차원이 없다. 선은 1차원, 면은 2차원이다. 1차원과 2차원은 말 그대로 차원이 다르다. 1차원이 더해지고 확장된다고 해서 2차원이 될 수는 없다. 이 점을 아리스토텔레스도 잘 알았다. 점이 아무리 많이 모여도 선이 될 수 없다고 하지 않았는가! 이 차이는 근본적으로 극복될 수 없었다.

점, 선, 면은 개념적으로 구분되어 있다. 하지만 실제 기하학에서 점, 선, 면은 섞여 있다. 분리되어 있지 않다. 선 안에 점이 있고, 면은 선과 점으로 둘러싸여 있다. 얼기설기 뒤섞여 있다. 점, 선, 면을 독립적으로 정의할 필요도 있지만, 서로 간의 관계 또한 설명해야 했다. 점, 선, 면을 딱딱 구분해서 독립적으로 정의하는 것도 어려운데 관계까지 설명해야 하니 복잡할 수밖에 없다. 독립적으로 정의하려 하면 서로 간의 관계 규정이 어려워지고, 관계로만 정의하면 점, 선, 면이 뭔지 명확해지지 않는다. 엄밀함이 가져다준 양면이었다.

고대 그리스 최대의 지성인 아리스토텔레스도 점, 선, 면의 정의문제를 말끔하게 해결하지 못했다. 점에 대한 정의는 있지만 선과 면에 대한 별도의 정의는 없는 듯하다. 자료의 부족일 수도 있지만, 제대로 정의하지 못한 탓일 수도 있지 않을까? 그에게도 이 문제는 어려웠다. 어떻게 정의하더라

세상을 바꾼 위대한 오답

도 해결되지 않는 구멍이 존재했다. 이 구멍을 막으면 저 구멍에서 물이 새고, 저 구멍을 막으면 이 구멍에서 물이 새어 나왔다.

불완전한 상태로 정의를 정리하다

유클리드는 플라톤 철학에 속하는 수학자였다. 그는 플라톤 철학에 입각하여 수학을 체계적으로 정리했다. 유클리드의 『원론』은 공리로부터 정리를 이끌어내는 연역적 논증 방법을 취하고 있다. 그는 공리와 정리를 논하기 이전에 사용할 용어의 뜻을 밝히는 일이 먼저라고 판단했다. 그는 정의로부터 시작했다. 점, 선, 면의 정의문제를 다룰 수밖에 없었다. 그것도 맨 처음으로.

점은 부분이 없는 것, 선은 폭이 없는 길이, 면은 길이와 폭만을 갖는 것이다. 선의 양 끝은 점이고, 면의 끝은 선이다. 유클리드의 정의다. 그 이전과 비교했을 때 새롭다 할 건 없다. 오히려 그 이전의 주장 중에서 버릴 건 버리고, 취할 건 취했다.

유클리드는 ❹처럼 점, 선, 면을 독립적으로 정의했다. 점을 위치와 관련시킨다는 내용은 보이지 않는다. 선에는 길이가 있고, 면에는 길이와 폭이 있다. 점, 선, 면의 관계에 대한 진술도 있다. 선의 끝이 점이고, 면의 끝이 선이다. 그러나 점을 이동하여 선이 되고, 선이 이동하여 면이 된다는 정의는 보이지 않는다. 점으로부터 선과 면을 이끌어내지 않는다. 점, 선, 면이 근본적으로 다른 대상이라는 걸 인정했다. 다만 섞여서 존재할 뿐이었다.

유클리드 역시 부정의 방식을 통해 정의를 했다. 점에는 부분이 없다. 선에는 길이만 있지 폭이 없다. 면에 가서야 길이와 폭이 있다며 부정적 표현은 사라진다. 점, 선, 면의 기준이 입체였다는 걸 알 수 있다. 입체를 둘러싼

게 면이다. 그 면으로부터 폭을 떼어내면 선이 되고, 길이마저 떼어내 어떤 부분도 갖지 않으면 점이 된다. 면이 기준이고, 그 기준에서 무엇이 없냐에 따라 선과 점이 정의되었다.

유클리드의 정의는 명료한 것 같지만 볼수록 이상하고 헷갈린다. 그는 점이나 선을 한 번이 아니라 여러 번에 걸쳐서 정의한다. 점만 보더라도 정의1에서 부분이 없다고 했다가, 또 정의3에서 점을 선의 끝이라고 했다. 점을 단번에 정의하기 어려웠다는 뜻일 게다. 점이 사용되고 있는 맥락을 다 포용하려니 이것도 넣어야 하고, 저것도 넣어야 했다. 그러다 보니 여러 번에 걸쳐서 정의했다.

정의된 내용 또한 정의답지 않은 면이 많다. 정의란 독특하면서도 유일한 성질을 기술해야 한다. 그런데 그의 정의는 점, 선, 면이 어떤 관계에 있는가도 포함되어 있다. 또는 어떤 것의 부재인 상태로 기술되어 있다. 정의가 아니라 설명 내지는 성질이라고 볼 수도 있다. 형식적으로는 점, 선, 면을 따로 정의하고 있지만 내용상으로는 연결되어 있다. 입체를 기준으로 해서 정의하거나, 서로의 관계를 통해서 정의하고 있다. 이것을 통해 저것을, 저것을 통해 이것을 정의했다.

애매하고 부정적인 정의 탓에 점이 뭐고, 선이 뭐라는 건지 확 잡히지 않는다. 부분이 없는 것이 점이라는데 점의 이미지가 그려지는가? 부분이 없다는 것만으로 점이 그려지지 않는다. 없다는 사실만으로 어떤 존재를 연상할 수는 없다. 폭이 없는 선도 마찬가지다. 그런 선은 어떻게 생긴 것이고, 어디에 있는 건가? 본 적도 없는 선을 무슨 재주로 그리 정의할 수 있는가?

유클리드의 정의가 더 실망스러운 건 그 정의가 뒤에 가서 제대로 사용되지 않는다는 점이다. 그리 모호하고 어려운 정의를 머리 싸매고 공부했건만 그것을 써먹을 데가 없다. 그럴 거면 뭐 하려고 정의한 것일까? 막상 적용하다 보면 논리적인 문제점이 드러나기에 문제점이 없는 방식으로 정의한 모양새다.

유클리드는 점, 선, 면의 정의문제를 결코 해결하지 못했다. 유클리드의 노력으로도 점, 선, 면에 대한 정의를 통일시키지 못했다. 그의 『원론』이 다른 책들을 밀어내면서 기하학의 고전으로 자리 잡았지만, 정의만큼은 갑론을박하면서 여러 갈래였다. ❺에서 프로클로스가 보여주는 직선의 다양한 정의는 그런 상태가 지속되었다는 것을 잘 보여준다.

고대 그리스 이후 상당한 시간이 흐른 르네상스 시대에도 점, 선, 면의 정의는 그리스 시대의 정의와 유사했다. ❻에서 레오나르도 다빈치는 이동을 통해 점으로부터 선을, 선으로부터 면을 정의한다. 그러면서 점, 선, 면이 갖는 크기를 차원에 따라 구분해놓았다. 각기 구분하되 이동을 통해 서로 간의 관계를 규명했던 그리스적인 정의 그대로다. 아리스토텔레스 때 대다수 사람들이 선택했다던 정의가 유지되었다. 지금까지도 가장 대중적인 정의다.

점, 선, 면의 경계가 모호해지다

유클리드는 점, 선, 면을 따로 정의했다. 대상이 다른 만큼 정의도 독립적

12장. 점, 선, 면을 어떻게 정의할 것인가?   267

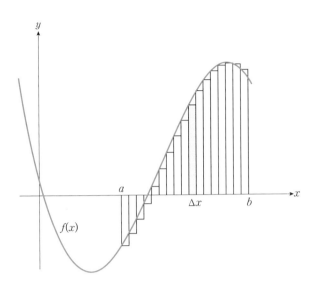

이었다. 그런데 근대에 접어들면서 점, 선, 면의 경계가 허물어지는 일이 일어난다.

적분은 일정한 영역을 무수히 많은 직사각형으로 분할한 후 그 직사각형의 넓이들을 더해 전체 넓이를 구한다. 이때 면과 선의 경계가 모호해진다. 넓이를 구하고자 하는 영역을 무한히 분할할 경우 직사각형 하나의 폭 Δx는 거의 0이 된다. 가느다란 면이 사실상 선이 돼버린다. 적분에서 넓이는 결국 길이의 합이 돼버리는 꼴이다. 폭이 없다던 길이가 폭을 갖는 넓이로 둔갑한다. 유클리드가 애써 피했던 일이 벌어진다.

카발리에리는 ❼처럼 적분이 등장하기 전에 넓이를 길이의 합으로 보고 계산하기까지 했다. 그는 높이가 같은 두 도형의 잘린 길이의 비가 $m:n$이면 두 도형의 넓이 또한 $m:n$이 된다고 했다. 부피 역시 마찬가지다. 두 도형의 잘린 면의 넓이의 비가 $m:n$이면 부피의 비 또한 $m:n$이 된다. 사실상

세상을 바꾼 위대한 오답

면을 선의 합으로, 입체를 면의 합으로 간주했다. 점, 선, 면의 경계가 허물어져버렸다. 이런 변화는 점, 선, 면의 정의에도 영향을 미쳤다.

점, 크기가 있으나 무시할 만큼 작은 물체다

토머스 홉스는 17세기에 활약한 영국의 철학자다. 그는 유물론 철학을 계승, 체계화시키는 과정에서 수학적 요소를 중시했다. 자연 현상을 힘과 양의 입장에서 파악하면서, 운동을 공간에 있어서의 위치 변화로 봤다. 그는 기하학을 추상적인 학문으로 보지 않고, 물리적 공간과 기하학적 공간을 같게 봤다. 한편 그는 카발리에리의 원리가 바탕으로 하고 있는 불가분량(쪼갤 수 없는 양)을 받아들였다. 이런 영향 속에서 그는 점, 선, 면을 달리 정의했다. 그의 철학을 위해 수학을 조정해버렸다.

그는 ❽처럼 물체의 이동을 통해 선이나 면, 입체를 정의했다. 운동을 위치의 이동으로 이해한 역학적 관점과 일맥상통한다. 이것만 보면 점과 선의 움직임을 통해 선과 면을 정의했던 고대의 방식과 같은 것처럼 보인다. 그러나 그의 독특함은 점의 정의에 있었다. 물체가 움직일 때 선과 면이 나오기에 물체가 아무것도 아닐 수는 없었다. 점이 크기를 전혀 갖지 않았다면 유클리드가 점을 아무것도 아닌 것으로 정의했을 거라고 그는 강변했다.

점은 크기를 갖되, 그 크기를 거의 무시할 수 있는 물체다. 홉스는 점을 이렇게 정의했다. 이때의 점은 무한히 작아 거의 0에 가까운 크기다. 적분의 무한소와 같다. 카발리에리의 원리나 그 원리가 발전해서 성립한 적분의 개념과 연결된다. 그는 근대 수학의 변화와 발전을 수용했다. 유물론과 운동을 토대로 해서 점에 크기를 부여하고, 그 점의 이동으로 다른 도형을 설명했다. 점, 선, 면의 경계는 다시 흐릿해지고 모호해졌다.

카발리에리의 원리를 반대하며 비판하는 사람도 있었다. 17세기 수학자 굴딘(Paul Guldin)은 전통적인 기하학자로서 점, 선, 면의 경계가 흐려지는 것을 용납할 수 없었다. 그는 선과 면의 근본적인 차이를 강조했다. 아무리 많고 큰 선이 모인다고 할지라도, 선들이 면의 일부라도 구성해낼 수 없다고 했다. 여느 시대처럼, 한쪽을 방어하면 다른 쪽에서 틈이 생겨 또 다른 문제가 발생했다. 모습과 양상만 다를 뿐 비슷한 상황이 반복되었다.

점, 선, 면의 정의는 여전히 묘연했다. 정답이라 할 만한 정의는 나타나지 않았다. 이런 상황이 반복되면서 19세기에는 점, 선, 면을 정의하는 것 자체를 회의적으로 보는 사람도 있었다. 점, 선, 면은 너무 단순해서 정의하려고 하면 오히려 실패할 수밖에 없다고 했다. ❾에서 보듯이 플라이더러나 웅거는 직선을 예로 들었다. 너무도 단순한 대상이지만 정의하려면 다른 낱말을 써야 해 오히려 더 복잡하고 어려워진다. 차라리 직선을 직접 보여주는 게 가장 좋다고 했다. 괜히 말로 정의하려면 또 다른 말이 필요하게 되면서 복잡해질 뿐이었다.

19세기 말에는 면이 선으로 채워질 수 있다는 게 증명되는 사건이 벌어졌다. 1890년 수학자 페아노는 ❿처럼 정사각형을 분할하며 곡선을 그어나갔다. 정사각형을 무한히 잘게 분할해 곡선을 그어나가면, 그 곡선은 평면의 모든 점을 지난다. 2차원 면을 1차원 선이 채워버린다. 전통적인 기하학에서 일어날 수 없다던 일이 현실화되었다. 1차원과 2차원의 경계는 정말 모호해져 버렸다. 면은 선의 합인 걸까? 뭐가 선이고, 뭐가 면인지 정의하기 어렵게 돼버렸다. 점, 선, 면의 정의에도 변화가 필요했다.

점은 점이고, 선은 선이다

제대로 정의하면 할수록 점, 선, 면은 잡히지 않았다. 구분하자니 관계가 모호해지고, 관계로만 보면 구분이 무의미한 듯 보였다. 다른 대상처럼 보였지만, 경계를 허물며 결코 다르지 않다고 말해주는 사례도 있었다. 이런 현상을 감안한다면 점, 선, 면을 어떻게 정의해야 할까? 기존의 정의 방식으로는 해결 불가능했다. 새로운 방법이 출현해야 했다. 시대의 변화를 수용한 새로운 방법이 20세기에 들어서면서 제시되었다. 기하학의 새로운 공리체계를 구성하려는 움직임 속에서 점, 선, 면은 달리 정의되었다.

힐베르트는 20세기를 전후로 활동한 수학자였다. 수학을 공리화한 업적으로 유명한 그는 1899년 유클리드 기하학을 대체하는 공리계를 발표했다. 유클리드 기하학의 부족한 점을 보완한 공리계를 제안했다. 그가 보기에 유클리드 기하학은 수정되어야 했다. 정의는 무의미하고 가정도 충분하지 않아 숨겨진 게 있었으며 논리도 적절하지 않았다. 공리는 완벽하고, 독립적이며, 모순이 없어야 한다면서 그는 다른 공리계를 제시했다. 더불어 점, 선, 면의 정의문제를 다룬다.

점, 선, 면을 선험적으로 정의하지 않는다는 게 힐베르트의 제안이었다. 이런 입장은 그뿐만 아니라 다른 학자들도 동의했던 바였다. 힐베르트는 점, 선, 면을 무정의용어로 제시했다. 점과 선을 무리하게 정의하려 하지 않았다. 점은 그저 점이고, 선 또한 그저 선이었다. 정의하지 말고 그냥 사용하자는 게 그의 제안이었다. 그는 도형 간의 관계를 나타내는 용어 여섯 개도 정의하지 않았다. 위에 있고, 가운데 있고, 사이에 있고, 합동이고, 평행하고, 연속하다는 관계가 그것이다. 그리고 21개의 다른 공리를 제안했다. (나중에 하나의 공리가 증명되어 20개가 되었다.)

정의하지 않는다! 충분히 그럴 법하다. 정의되지 않는 용어 없이 모든 용어를 정의하기는 어렵다. 사람을 사유하는 동물이라고 하자. 사람을 정의하려는 과정에서 사유나 동물이라는 다른 용어가 튀어나온다. 그럼 사유와 동물이 뭔가를 또 정의해야만 한다. 이런 식의 과정은 반복되고 영원히 멈추지 않는다. 어딘가 첫 출발점이 있어야만 한다. 정리를 증명하기 위해 공리를 필요로 하듯이, 정의에서도 다른 정의에 사용될 무정의용어가 필요했다. 점, 선, 면이 바로 그것이었다.

무정의용어라고 해서 맘대로 생각하자는 건 아니었다. 무정의용어는 공리계에서 말하는 것만으로 이해되고 사용되어야 한다. 우리의 직관적 경험에 바탕을 둔 생각은 무시되어야 한다. 점, 선, 면은 우리가 일상에서 접하는 그 점, 선, 면이 아니다. 공리계에서 의미하는 집합의 원소일 따름이었다. 그걸 꼭 점, 선, 면이라고 부를 필요도 없다. 점, 선, 면을 탁자나 의자, 맥주컵으로 달리 불러도 전혀 문제가 없다.

유클리드 기하학에서는 점, 선, 면이 먼저 있고 그것들을 사후적으로 정의하고자 했다. 다양한 맥락으로 뒤섞여 있는 대상들을 분명하게 규정하려 했다. 그러나 그 작업은 실패했다. 명확하게 구분하고 엄밀하게 정의해보려 했지만 정의에는 항상 오류가 담겨 있었다. 정의가 대상을 따라가지 못하고 항상 미끄러졌다.

힐베르트 공리계에서는 공리계가 먼저 있다. 그 공리계를 만족시키는 대상이 뒤에 있을 뿐이다. 이미 있는 대상을 정의하는 게 아니라 공리를 통해 규정된 대상들이 있다. 대상이 정해져 있는 게 아니라 공리를 통해 정해가면 된다. 유클리드 기하학과는 정반대다.

점, 선, 면의 정의문제는 다소 허무하게 끝났다. 정의해보려 그토록 애를 썼건만, 결론은 정의하지 말고 그냥 사용하자는 것이었다. 많은 시도와 오류의 결과 무정의용어에 다다랐다. 그러나 그건 헛수고가 아니었다. 정해진 대상만을 좇고 따라가는 수동적인 기하학을 내려놓고, 설계하고 정할 수 있는 능동적인 기하학을 쟁취했다.

연구 시기* (생몰연도)	수학자 (지역)	업적	결과 및 찾아보기
?	메소포타미아 문명	[사각형 넓이] $S = \dfrac{a+c}{2} \times \dfrac{b+d}{2}$ (a, b, c, d는 네 변의 길이)	틀림, 14쪽
		[원 넓이] $S=3r^2$	틀림, 36쪽
		[원주율] $\pi = 3$과 $\dfrac{1}{8}$	근사값, 54쪽
?	이집트 문명	[사각형 넓이] $S = \dfrac{a+c}{2} \times \dfrac{b+d}{2}$	틀림, 14쪽
		[삼각형 넓이] $S = \dfrac{a}{2} \times \dfrac{b+c}{2}$	틀림, 14쪽
		[원 넓이] 지름이 9인 원의 넓이는 한 변이 8인 정사각형의 넓이와 같다.	틀림, 36쪽
		[원주율] $\pi = \dfrac{256}{81}$	근사값, 14쪽
?	고대 중국	[원 넓이] $\dfrac{둘레}{2} \times \dfrac{지름}{2}$	공식은 옳으 나 원주율을 3으로 계산, 42쪽
		[음수 계산] 음수의 덧셈, 뺄셈 규칙 제시	옳음, 120쪽
기원전 569~ 기원전 475	피타고라스	[1과 소수] 1과 2를 소수에서 제외	146쪽
		[무한] 무한소수인 무리수 발견	옳음, 166쪽
		[점의 정의] 점은 위치가 있는 단자다.	252쪽
기원전 499~ 기원전 428	아낙사고라스	[원적 문제] 감옥에서 연구	192쪽
기원전 490~ 기원전 425	제논	[무한] 제논의 역설	틀림, 167쪽
기원전 490~ 기원전 420	오에노피데스	[원적 문제] 자와 컴퍼스만 사용하도록 함	192쪽

* 연구 시기가 정확하지 않은 경우는 연구자의 생몰연도를 밝혔다.

기원전 480~ 기원전 411	안티폰	[원 넓이] 다각형으로 원 넓이를 계산하는 아이디어	옳음, 37쪽
기원전 470~ 기원전 410	히포크라테스	[원 넓이] 초승달 모양의 넓이 계산	옳음, 37쪽
		[원적 문제] 원의 일부를 다각형으로 전환	옳음, 193쪽
기원전 460~ 기원전 400	히피아스	[원적 문제] 쿼드라트릭스 곡선	193쪽
기원전 427~ 기원전347	플라톤	[점의 정의] 점은 쪼갤 수 없는 선이다.	252쪽
기원전 390~ 기원전 320	디노스트라투스	[원적 문제] 쿼드라트릭스를 이용해 증명 제시	203쪽
기원전 384~ 기원전 322	아리스토텔레스	[사이클로이드] 아리스토텔레스의 역설	틀림, 236쪽
		[무한] 가무한과 실무한의 구분	174쪽
		[점의 정의] 점은 위치가 없고, 쪼갤 수 없다.	252쪽
기원전 325~ 기원전 265	유클리드	[무한] 무한을 유한으로 대체	175쪽
		[점의 정의] 점, 선, 면의 정의 제시	253쪽
기원전 287~ 기원전 212	아르키메데스	[원 넓이] $S = \pi r^2$	옳음, 50쪽
		[원주율] $3.14084 < \pi < 3.142858$	옳음, 54쪽
		[원적 문제] 아르키메데스 나선을 이용해 증명	옳음, 204쪽
기원전 276~ 기원전 194	에라토스테네스	[1과 소수] 소수표에서 1을 제외	146쪽
10~75	헤론	[사각형 넓이] 삼각형 넓이 $S = \sqrt{s(s-a)(s-b)(s-c)}$	옳음, 19쪽
85~165	프톨레마이오스	[평행선 공리] 오류가 있는 증명법 제시	216쪽
200~284	디오판토스	[음수 계산] 음수를 다루지 않음	121쪽
3세기(미상)	유휘	[원주율] $\pi = \dfrac{157}{50}$	근사값, 54쪽

411~485	프로클로스	[평행선 공리] 오류가 있는 증명법 제시	217쪽
		[점의 정의] 선은 점의 흐름이다.	253쪽
429~500	조충지	[원주율] $3.1415926 < \pi < 3.1415927$	옳음, 54쪽
476~550	아리아바타	[원주율] $\pi=3.1416$	근사값, 54쪽
598~670	브라마굽타	[사각형 넓이] $S = \dfrac{a}{2} \times \dfrac{b+c}{2}$	틀림, 14쪽
		[사각형 넓이] $S = \sqrt{s(s-a)(s-b)(s-c)(s-d)}$	틀림, 15쪽
		[원주율] $\pi = \sqrt{10} = 3.162277$	근사값, 55쪽
		[0으로 나누기] $n \div 0 = \dfrac{n}{0}$	틀림, 100쪽
		[음수 계산] 증명 없이 계산규칙 제시	옳음, 121쪽
790~850	알콰리즈미	[음수 계산] $(-) \times (-) = (+)$라고 함	옳음, 135쪽
800 ~ 870	마하비라	[0으로 나누기] $n \div 0 = n$	틀림, 100쪽
1114~1185	바스카라	[사각형 넓이] 길이만으로 사각형이 결정되지 않는다.	옳음, 15쪽
		[0으로 나누기] $n \div 0 = \dfrac{n}{0} = \infty$	틀림, 100쪽
1266~1308	둔스 스코투스	[무한] 두 개의 연속적인 무한 비교	168쪽
1334	마에스트로 다르디	[음수 계산] 넓이 이용하여 $(-) \times (-) = (+)$ 증명	옳음, 122쪽
1401~1464	쿠사의 니콜라스	[사이클로이드] 사이클로이드 연구	236쪽
		[무한] 유한(직선)을 통한 무한(원)의 탐구 가능성	168쪽
		[원적 문제] 문제에 대한 관심을 불러일으킴	194쪽
1494	루카 파치올리	[확률] 현재까지의 결과를 바탕으로 상금 분배하는 해법	틀림, 78쪽

276

1501	찰스 보벨리	[사이클로이드] 다른 곡선도 소개	237쪽
1501~1576	지롤라모 카르다노	[확률] 확률의 개념, 대수의 법칙	옳음, 87쪽
		[음수 계산] $(-)\times(-)=(+)$의 근거가 정당하지 않다.	123쪽
1548~1620	시몬 스테빈	[1과 소수] 1을 다른 수와 같은 수로 간주	146쪽
1588~1648	마랭 메르센	[사이클로이드] 학자들에게 관심을 퍼뜨림	237쪽
1596~1650	르네 데카르트	[원적 문제] 작도수라는 관점으로 접근	210쪽
1593	프랑수아 비에트	[원주율] 원주율을 수식으로 처음 표현	옳음, 55쪽
1599	갈릴레오 갈릴레이	[사이클로이드] 사이클로이드라는 이름 붙임	237쪽
		[확률] 주사위 세 개의 합에서 9와 10의 차이 설명	옳음, 82쪽
		[무한] 무한인 자연수와 제곱수의 크기 비교	182쪽
1601~1665	피에르 페르마	[확률] 상금 분배문제를 확률로 해결	옳음, 92쪽
1621	빌레브로르트 스넬리우스	[원주율] 다른 기하학적 방법 제시	옳음, 70쪽
1623~1662	블레즈 파스칼	[확률] 상금 분배문제를 확률로 해결	옳음, 91쪽
		[음수 계산] $0-4$는 엉터리다.	틀림, 121쪽
1634	질 로베르발	[사이클로이드] 넓이 계산해냄	옳음, 245쪽
1635	보나벤투라 카발리에리	[점의 정의] 선을 점의 합으로 보는 카발리에리의 원리	254쪽
1638~1675	제임스 그레고리	[원주율] π가 초월수임을 보이려고 시도	옳음, 55쪽
		[원적 문제] 해결 불가능 증명 시도	실패, 195쪽
1646~1716	고트프리트 라이프니츠	[음수 계산] 크기나 의미에 신경 쓰지 말라고 함	옳음, 124쪽

1655	토머스 홉스	[점의 정의] 점은 크기가 없는 물체다.	255쪽
1655	존 월리스	[0으로 나누기] $n \div 0 = \dfrac{n}{0} = \infty$	틀림, 100쪽
		[음수 계산] 수직선을 만들어 음수의 덧셈, 뺄셈 보여줌	옳음, 123쪽
		[무한] 무한대(∞) 기호 도입, 무한에서의 계산	183쪽
		[평행선 공리] 오류가 있는 증명법 제시	218쪽
1674	그레고리-라이프니츠	[원주율] 원주율을 무한급수로 표현	옳음, 71쪽
1697	제로니모 사케리	[평행선 공리] 귀류법적 증명 아이디어	미완성, 209쪽
1707~1783	레온하르트 오일러	[1과 소수] 1을 소수에서 제외	147쪽
1716	존 크레이그	[0으로 나누기] 0은 무한소여야만 한다.	틀림, 101쪽
1717~1783	장 르 롱 달랑베르	[확률] 두 개의 동전을 던져 앞면이 나올 확률을 $\dfrac{2}{3}$ 라고 함	틀림, 79쪽
1731	피에르 바리뇽	[사각형 넓이] 사각형의 넓이는 중점을 연결한 평행사변형 넓이의 두 배다.	옳음, 28쪽
1734	조지 버클리	[0으로 나누기] 0으로 나눌 수는 없다.	옳음,101쪽
1736~1821	크리스토퍼 프리드리히 폰 플라이더러	[점의 정의] 점, 선을 직접 보여준다.	255쪽
1742	크리스티안 골드바흐	[1과 소수] 1을 소수로 간주	147쪽
1744	아이작 뉴턴	[0으로 나누기] $n \div 0 = \dfrac{n}{0} = \infty$	틀림, 101쪽
1761	요한 하인리히 람베르트	[원주율] π가 무리수임을 증명	옳음, 73쪽
		[평행선 공리] 귀류법적 다른 증명 아이디어	미완성, 230쪽

세상을 바꾼 위대한 오답

1801	카를 프리드리히 가우스	[1과 소수] 산술의 기본정리	159쪽
		[무한] 실재하는 무한 배제	175쪽
		[평행선 공리] 비유클리드 기하학이라고 이름 붙임	232쪽
1828	마르틴 옴	[0으로 나누기] 0으로 나눌 수는 없다.	옳음, 101쪽
1842	카를 안톤 브레트슈나이더	[사각형 넓이] $$K = \sqrt{(s-a)(s-b)(s-c)(s-d) - abcd \cdot \cos^2\left(\frac{\alpha+\gamma}{2}\right)}$$ $$= \sqrt{(s-a)(s-b)(s-c)(s-d) - \frac{1}{2}abcd[1+\cos(\alpha+\gamma)]}$$	옳음, 31쪽
1851	베른하르트 볼차노	[무한] 무한집합을 정의	186쪽
1854	베른하르트 리만	[평행선 공리] 리만기하학	233쪽
1864	윌리엄 월턴	[0으로 나누기] $n \div 0 = \dfrac{n}{}$. 분모를 비워둠	틀림, 101쪽
1872	리하르트 데데킨트	[무한] 무한의 정의	187쪽
1874	게오르크 칸토어	[무한] 자연수의 무한과 유리수의 무한 비교	187쪽
1882	페르디난트 폰 린데만	[원주율] π가 초월수임을 증명	옳음, 74쪽
1883	에프라임 살로몬 웅거	[점의 정의] 정의는 실패하게 된다.	256쪽
1890	주세페 페아노	[점의 정의] 면을 선으로 채우다.	256쪽
1899	다비드 힐베르트	[점의 정의] 점, 선, 면을 무정의용어로.	271쪽
1909	데릭 노먼 레머	[1과 소수] 1을 소수에 포함	147쪽
1914	스리니바사 라마누잔	[원주율] π값 알고리즘	옳음, 72쪽

1959	마미콘 므나트사카니안	[사이클로이드] 마미콘의 정리로 달리 해결	옳음, 248쪽
1960년대	에이브러햄 로빈슨과 H. 제롬 카이슬러	[무한] 무한소 정의	189쪽
1987	처드노프스키 형제	[원주율] 발전된 π값 알고리즘	옳음, 55쪽
1990	메릴린 새번트	[확률] 몬티홀 문제의 정답 제시	93쪽
1995	BBP(Bailey – Borwein – Plouffe)	[원주율] BBP 알고리즘	옳음, 55쪽
2014	houkouonchi	[원주율] 소수점 이하 13조 3천억 자리까지 계산	옳음, 72쪽

세상을 바꾼 위대한 오답

참고문헌

....

· 김민형, 『소수공상』, 안재권 옮김, 반니, 2013.

· 데보라 J. 베넷, 『확률의 함정』, 박병철 옮김, 영림카디널, 2003.

· 레오나르드 믈로디노프, 『유클리드의 창: 기하학 이야기』, 전대호 옮김, 까치, 2002.

· 레오나르드 믈로디노프, 『춤추는 술고래의 수학이야기』, 이덕환 옮김, 까치, 2009.

· 모리스 클라인, 『수학사상사』, 심재관 옮김, 경문사, 2016.

· 신동선·김용운, "무한론의 계보(볼차노에서 칸토르까지)", *Journal of Historia Mathematica* vol. 3, no. 1, 1986.

· 애머 악첼, 『무한의 신비』, 신현용·승용조 옮김, 승산, 2002.

· 유클리드·토마스 히드, 『기하학원론 해설서-평면기하-』, 이무현 옮김, 교우사, 1998.

· 칼 B. 보이어·유타 C. 메르츠바흐, 『수학의 역사·상』, 양영오 옮김, 경문사, 2000.

· 칼 B. 보이어·유타 C. 메르츠바흐, 『수학의 역사·하』, 양영오·조윤동 옮김, 경문사, 2000.

· 페트르 베크만, 『파이의 역사』, 김인수 옮김, 민음사, 1995.

· 프랑수아즈 모노외르 외, 『수학의 무한 철학의 무한』, 박수현 옮김, 해나무, 2008.

· Adam Drozdek, "Beyond Infinity: Augustine and Cantor", *Laval Théologique et Philosophique*, vol. 51, no. 1, 1995.

· Albrecht Heeffer, "Historical Objections against the Number Line", *Science & Education*, vol. 20, no. 9, pp. 863-880, 2011.

· Angela Reddick and Yeng Xiong, "The Search for One as a Prime Number: From Ancient Greece to Modern Times", *Furman University Electronic Journal of Undergraduate Mathematics*, vol. 16, 2012.

· Bernard Beecher, "Why a Negative Number Times a Negative Number Equals a Positive Number", *Progress in Applied Mathematics*, vol. 8, no. 2, 2014.

· G. Donald Allen, "The History of Infinity", Department of Mathematics Texas A&M University.

· H. G. Romig, "Early History of Division by Zero", *The American Mathematical Monthly*, vol. 31, no. 8, 1924, pp. 387–389.

· Jan Pavo Barukčić, Ilija Barukčić, "Anti Aristotle-The Division of Zero by Zero", *Journal of Applied Mathematics and Physics*, 2016, 4, pp. 749–761.

· John Martin, "The Helen of Geometry", *College Mathematics Journal*, vol. 41, no. 1, 2010.

· L. E. Maistrov, *Probability theory: a historical sketch*, Academic Press New York, 1974.

· Phillip S. Jones, "The Role in the History of Mathematics of Algorithms and Analogies", *Learn from the Masters*, Mathematical association of America, 1995.

· Richard T. W. Arthur, "Can Thought Experiments Be Resolved by Experiment? The Case of Aristotle's Wheel", *Thought experiments in philosophy, science, and the arts* (edited by Mélanie Frappier, Letitia Meynell, and James Robert Brown.), Routledge, 2013.

· Thomas J. McFarlane, "Nicholas of Cusa and the Infinite", *Rosicrucian Digest*, vol. 94, no. 1, 2016.

· Tom Roidt, "Cycloids and Paths", *Portland State University Department of Mathematics and Statistics* Fall, 2011.

· William F. Wertz, Jr., Fidelio, "Nicolaus of Cusa's 'On the Quadrature of the Circle'", *Fidelio Magazine*, vol. X, no. 2, Summer 2001.

· www.google.co.kr

· www.wikipedia.org

· www-history.mcs.st-and.ac.uk

세상을 바꾼 위대한 오답

1판 1쇄 펴냄 2017년 7월 12일
1판 8쇄 펴냄 2022년 11월 10일

지은이 김용관

주간 김현숙 | **편집** 김주희, 이나연
디자인 이현정, 전미혜
영업·제작 백국현 | **관리** 오유나

펴낸곳 궁리출판 | **펴낸이** 이갑수

등록 1999년 3월 29일 제300-2004-162호
주소 10881 경기도 파주시 회동길 325-12
전화 031-955-9818 | **팩스** 031-955-9848
홈페이지 www.kungree.com
전자우편 kungree@kungree.com
페이스북 /kungreepress | **트위터** @kungreepress
인스타그램 /kungree_press

ISBN 978-89-5820-469-5 03410